大人的起司甜點41道

石橋香 著

CONTENTS

PART 1
熱烤式起司蛋糕

PART 2
免烤起司蛋糕與甜點

PART 3
起司烘焙甜點

本書指引

- 1小匙為5㎖，1大匙為15㎖。

- 如未特別標示，請使用M尺寸（58～64ｇ）的雞蛋。

- 如未特別標示，蔬果請先洗淨並去皮、去籽，再秤重取所需重量（取淨重）。

- 烤箱的設定溫度與烘焙時間僅供參考，請依照實際的烤箱狀態，將溫度增減10～20度，盡量讓烘焙時間與食譜記載的時間一致。

- 如未特別標示，請將烤盤放置於烤箱的中層。

- 本書使用微波爐皆600Ｗ（如為500Ｗ，請將加熱時間乘以1.2）或200Ｗ。即使設定為相同瓦數，不同機型的加熱火候仍可能有強弱之分，請視情況調整加熱時間或強度。

- 保存期限僅供參考。

身為大人的你，更應該吃起司蛋糕

　　自我出版第一本起司蛋糕食譜書以來，已經過了20多年。至今為止，我出版了50本以上的甜點食譜書，其中光是起司蛋糕的書就多達15本，而隨著年紀變化，我的想法與觀念也一直在改變。

　　到了開始在意身體健康的年紀以後，對於甜點的慾望也大不如前，不再像年輕時總想吃遍各種甜點，後來所追求的反而是細細品味以高品質材料製作的甜點。畢竟我以前是針灸師，而且現在對於飲食的健康要求也比過去更加注重。

　　恰好最近聽朋友提起「為了養顏美容、身體健康，所以現在都克制少吃甜食」，我便閃過一個想法。假如是使用富含鈣質與蛋白質，而且又助腸胃消化與吸收的起司，那大人是否就能放膽地享受甜食呢？於是，我設計出兼顧美味與健康，同時令人垂涎欲滴的起司蛋糕。這些起司蛋糕使用甘蔗砂糖為蛋糕增添溫順柔和的甜味，而且更添加營養豐富的各種食材，例如：具有抗氧化作用的多酚、各種維生素、異黃酮等等。我要做的不只是單單的享樂甜品，更是有益身心健康的起司蛋糕。我對於起司蛋糕的美味並未妥協或退讓，在材料的搭配以及配方的比例上，也更加符合大人的口味。

　　現代生活不只更加便利，也變得愈來愈複雜，許多時候都讓人感受到沉重的壓力。想讓每一天都有健康的身心狀態，利用甜點放鬆壓力也是很重要的一點。本書的起司蛋糕與甜點的作法一點都不難，這些甜點不只適合下午茶，也適合當作下酒菜。希望各位都能夠暫時停下日復一日的忙碌雙手，好好地享受屬於大人的居家時光。

石橋香

不是只有美味而已——起司的魅力

起司以牛奶等「奶」為原料，是一種富含鈣質與蛋白質的健康食材。起司又分為許多種類，本書使用的起司皆為右頁所介紹的4種類型的起司。這4種起司都是經由乳酸菌等發酵製成的天然起司，適合做成起司蛋糕。了解每一種起司的特性，是做出美味起司甜點的第一步。

奶油乳酪

康門貝爾起司

洛克福起司

布雷斯藍紋起司

茅屋起司

高達起司

帕瑪乾酪

新鮮起司

在牛乳等乳汁中加入乳酸菌或凝乳酶，使蛋白質（酪蛋白）凝固，再去除乳清（whey）的新鮮起司。新鮮起司未經熟成，水分含量較多，因此起司特有的風味與氣味較不明顯，對不愛吃起司的人來說比較容易入口。用於甜點烘焙的新鮮起司以右邊2款為代表，綿密滑順的馬斯卡彭起司、以乳清為原料的瑞可達起司等等也頗受歡迎。

奶油乳酪

新鮮起司的代表之一，是製作起司蛋糕的主要材料。由鮮乳或鮮奶油形成的綿密滑順口感，帶著微微的酸味與香氣。使用前要先確實攪拌至軟化。

提供：
Takanashi 乳業株式會社

茅屋起司

以脫脂鮮乳加入乳酸菌等材料凝固而成的新鮮起司。由於乳脂肪含量少，風味比奶油乳酪更加清爽，高蛋白、低熱量是這款起司的魅力所在。甜點烘焙要使用過篩後的茅屋起司，質地相對較為柔軟。

硬質、半硬質起司

乳汁凝固後先重壓去除水分，接著進行鹽漬，使起司熟成，因此香氣濃郁，風味深厚。一般來說，熟成期較長的硬質起司具有更強烈的鮮味，而半硬質起司的水分較多，起司特有的味道較淡，比硬質起司更好入口。

帕瑪乾酪
（硬質起司）

義大利北部的知名特產。由於經過長期熟成，使鮮味成分胺基酸形成結晶，特徵是吃起來有沙沙的口感。帕馬森起司（Parmesan cheese）與帕瑪乾酪（Parmigiano-Reggiano）相似，但製作方式與風味大不相同。新鮮的帕馬森起司的口感與帕瑪乾酪相近，而乾燥的帕馬森起司粉則是有點彈牙。

高達起司
（半硬質起司）

原產於荷蘭，具有溫和的風味，是一款易於入口的半硬質起司。製作甜點時也可以換成半硬質的瑪利波起司、硬質的切達起司、艾登起司、康堤起司與格魯耶爾起司等等。

若要跟蛋糕糊混合，就要先磨成粉屑。

白黴起司

一般是先把凝固的乳汁倒入模具，鹽漬後將起司表面噴上白黴，使起司進行熟成，白黴起司便完成了。外表覆蓋著雪白的黴菌，故表面堅硬，內部呈現膏狀的濃郁滋味。

康門貝爾起司

起源於法國的諾曼第地區。味道溫和，卻不失白黴起司的特有風味，而且鹹味適中，是一款很受歡迎的起司。也可以改用其他的白黴起司，如：布里起司。

藍黴起司（藍紋起司）

乳汁凝固後瀝乾水分，在成形之前撒上青黴，讓黴菌從內部繁殖，使起司熟成。具有強烈的香氣與味道，不是所有人都能夠接受，而用於提味則能突顯起司蛋糕的風味。

布雷斯藍紋起司

有人說這款起司就像結合了義大利的古岡左拉起司與法國的康門貝爾起司，具備藍紋起司的特色，但味道相對溫和，容易入口，適合用於製作甜點。

洛克福起司

世界三大藍紋起司之一，以羊奶為原料。特徵是有著辛辣的刺激感與強烈的風味，若是很喜歡藍紋起司的味道，也可以用洛克福起司代替布雷斯藍紋起司。

用3款烤模簡單做出大人風起司蛋糕

本書的起司蛋糕一律只使用這3款小巧的基本烤模，分別是「方形烤模」、「圓形烤模」與「長形烤模」。不必準備太多模具就能享受簡單的快樂，也是成熟大人的作風。模具的種類雖不多，使用起來也不覺得有所限制。以下照片中的起司蛋糕都是按照p.16「紐約起司蛋糕」的作法，以同樣的時間、同樣的溫度烘焙而成。這本書介紹的起司蛋糕都可以使用這3款烤模來製作，而且不只用來製作起司蛋糕，在第3章的烘焙甜點中也能派上用場。

※使用不鏽鋼製或鍍錫鐵製的烤模時，麵糊的酸味會讓蛋糕成品帶有金屬味，因此製作起司蛋糕請務必使用有不沾塗層的烤模。

方形烤模
（邊長15cm的活動底烤模）

底面積比圓形烤模大，所以蛋糕的厚度相對會薄一點，想將蛋糕切成小塊時，推薦使用方形烤模。用在熱烤式起司蛋糕時，蛋糕糊蒸發的水分會稍微多一點，所以成品的蛋糕也會偏硬。

圓形烤模
（直徑15cm的活動底烤模）

最基本的形狀，用途廣泛。適合製作中間綿密滑順的巴斯克起司蛋糕，也適合用於免烤起司蛋糕等等。

長形烤模
（9×22×高度7cm）

整個烤模皆能完整受熱，確實烤熟整塊蛋糕。適合用來製作起司凍派，也適合古典起司蛋糕等等。這款烤模的底部不是活動式，因此使用時請先參考p.48的方式鋪上烘焙紙。

製作起司蛋糕的4大重點

起司蛋糕的作法相當簡單,每個步驟都不難,就算是甜點烘焙的新手也不怕失敗。不過,若想做出好吃美味的起司蛋糕,還是必須掌握4個重點。另外,起司蛋糕完成以後,蛋糕中的起司依然會繼續熟成,所以可以一次切一小塊來品嘗,細細品味每個時期的風味變化,看看自己最喜歡哪個時間點的味道,也是品嘗起司蛋糕的樂趣之一。

奶油乳酪要先軟化

奶油乳酪冰過以後的質地較硬,強行攪拌會結成一團。使用前先用保鮮膜包住,放進微波爐加熱至中間部分軟化。
※詳細作法請參考p.17的步驟 **4** 。

麵糊要攪拌均勻

一次只加一樣材料,而且要用打蛋器貼著盆底攪拌至均勻。先把起司加上砂糖攪拌至滑順後,再按照材料的水分含量或堅硬程度,從水分較少、比較堅硬的材料開始加,這樣會更容易把蛋糕糊拌勻。攪拌至整體均勻無顆粒以後,就可以加下一樣材料。

過篩蛋糕糊

拌好的蛋糕糊乍看之下很滑順,但還是可能殘留一些未溶解的顆粒,因此必須使用篩網過濾,才能做出口感更滑順的起司蛋糕。假如作法當中需要拌入鮮奶油霜或蛋白霜,一定要先過篩。

冷藏3小時以上

不管起司蛋糕是否經過烘烤,都要完全放涼才能品嘗。起司蛋糕至少要冷藏3個小時以上,可以的話最好冰一個晚上,這樣不僅味道更加明顯,蛋糕本體也會更加緊緻,比較方便脫模。起司蛋糕完成後,起司還會繼續熟成,因此第2~3天是最佳賞味時機。

使用甘蔗砂糖等自然甜味來製作

甜味是甜點不可或缺的一部分，而許多大人都出於健康的考量，選擇盡量少吃甜點。為了讓更多人都能盡情享用甜點，我在這本書設計出與以往略為不同的起司蛋糕，主要使用香氣濃郁並帶有溫和甜味的甘蔗砂糖，讓起司蛋糕擁有更加柔和的味道。除了甘蔗砂糖之外，也使用黑糖、蜂蜜等糖類取代白砂糖（上白糖）與細砂糖。另外，這些起司蛋糕的食譜都已經是減糖版本，而糖分有助於保持蛋糕的濕潤度，也能讓打發的蛋白霜更加穩定，所以請各位別因為在意甜度或含糖量，而自行減少配方當中的糖。

甘蔗砂糖

具備甘蔗風味的砂糖。本身帶有淡淡的褐色，但對於成品的顏色幾乎沒有影響，能讓起司蛋糕的甜味更有層次。

提供：日新製糖株式會社

楓糖漿

以糖楓樹液熬煮而成的琥珀色糖漿，顏色愈濃，風味就愈強烈。含有各種礦物質以及具抗氧化作用的多酚。楓糖漿與添加葡萄糖或香料的楓糖風味糖漿是不一樣的東西，請注意別搞錯。

黑糖（塊狀、粉狀）

以甘蔗榨成汁，過濾後熬煮而成的砂糖。富含鉀離子等礦物質，帶著微微的苦味與酸味，風味獨特。拌入蛋糕糊時直接使用黑糖粉會比較方便，也可以自行將黑糖塊磨成粉末再使用。

蜂蜜

蜂蜜的風味會隨著花蜜種類而不同。建議使用日本國產的洋槐蜂蜜，或紐西蘭產的麥蘆卡蜂蜜。

※未滿一歲的嬰兒不可食用。

使用有益身心的健康食材

選擇養顏美容又有益健康的自然食材為起司蛋糕增添風味，才是成熟大人的作風。使用讓現在的自己更加分的食材，好好地大快朵頤吧。

覆盆子、藍莓

莓果類含有豐富的花青素與多酚，具有極好的抗氧化作用。酸酸甜甜的滋味與起司甜點也是絕配。

燕麥片

燕麥富含維生素與膳食纖維，把燕麥蒸熟再壓成薄片，就是燕麥片。加了燕麥片的餅乾會變得更香脆。

豆漿

以黃豆為原料，蛋白質含量高，且醣類含量低，更富含與體內雌性激素作用相似的異黃酮，是一款非常受歡迎的食材。本書使用成分無調整的豆漿。

堅果（綜合）

醣類含量低，且含有不飽和脂肪酸、膳食纖維、各種維生素與礦物質，是一種多多益善的食材。請使用烘焙專用堅果或無調味烘焙堅果。

黑巧克力

黑巧克力是一種富含可可多酚的食材，而可可多酚具有極好的抗氧化作用。請使用77％以上的黑巧克力，88％的黑巧克力會更好。

日本甘酒

日本甘酒幾乎不含酒精，含有豐富的寡糖，營養價值極高，被譽為飲用點滴。日本甘酒分為酒粕甘酒以及米麴甘酒，本書使用免稀釋的米麴甘酒。

製作甜點不可或缺的基本材料

以下介紹的是製作起司蛋糕或甜點的必備材料。愈簡單的蛋糕，食材本身的風味就愈明顯，因此請使用新鮮的食材來製作。

鮮奶油

本書基本上使用乳脂肪47％的鮮奶油，若想讓成品的口感更清爽，可改用乳脂肪35％的鮮奶油。請勿使用植物性的發泡鮮奶油，這種鮮奶油可能會讓蛋糕糊無法凝固。

提供：Takanashi乳業株式會社

無調味優格

使用無糖的無調味優格。假如優格出現乳水分離的情況，也就是乳清（whey）分離出來，請先攪拌均勻後再使用。

提供：明治株式會社

酸奶油

奶油經過乳酸發酵，具有清爽的酸味。

提供：Takanashi乳業株式會社

牛奶

使用一般的成分無調整鮮乳。低脂鮮乳、脫脂鮮乳等加工乳品不適合用於甜點製作。

雞蛋

如未特別標記，都是使用中規格（M，58～64g）的雞蛋。P.77、83等頁數的食譜是使用蛋白多的大規格（L，64～70g）雞蛋。

無鹽奶油

用於起司蛋糕的餅乾底或烘焙甜點。由於不含鹽分，容易失去原有的風味，因此請分成小包裝冷凍保存。

提供：明治株式會社

低筋麵粉

烘焙甜點必備的麵粉，筋性較低。由於容易受潮，請放進密閉容器保存，使用前務必過篩。

玉米粉

玉米的澱粉。希望起司蛋糕的口感更柔順時，就會添加少量的玉米粉。

鹽

食用鹽的鹽味較為刺激，請使用味道較溫和的天然鹽，如：粗鹽等等。

檸檬

使用表面不噴灑防黴劑的日本產檸檬。使用檸檬皮前，請將表皮洗淨。

香草莢、香草油

帶著香甜氣味的香料，萃取的香草油用起來更方便。½條香草莢＝3、4滴香草油，可替換使用。

香草莢提供：
S&B食品株式會社

吉利丁粉

以動物性蛋白質「膠原蛋白」做成的凝固劑，用在免烤起司蛋糕、慕斯等冷藏凝固的甜點。使用前請先用冷水泡軟。

PART 1

BAKED CHEESECAKE

熱烤式起司蛋糕

本章節介紹6款熱烤式起司蛋糕，從最基本的款式逐一詳細解説。只需混合材料再烘烤的紐約起司蛋糕與巴斯克起司蛋糕、利用蛋白霜創烤出鬆軟口感的舒芙蕾起司蛋糕、入口即化的半熟起司蛋糕……，可以品嘗到各種口感的起司蛋糕。每一款起司蛋糕都有不同口味的版本，請享受自己喜愛的口味。

基本款紐約起司蛋糕

利用水浴法烤出溼潤又柔軟的口感。
這是我的起司蛋糕基本型，怎麼吃都不會膩。

〈 BASIC 〉

基本款紐約起司蛋糕

材料 （邊長15cm活動底方形烤模1個份）

【 餅乾底 】

A
瑪麗餅乾（市售品）… **9片**（約50g）
小麥胚芽餅乾（市售品）
… **5片**（約12g）

無鹽奶油 … **40g**

【 蛋糕部分 】

奶油乳酪 … **200g**

甘蔗砂糖 … **70g**

B
酸奶油 … **100g**
玉米粉 … **1大匙**
香草莢 … **1/2條**
（或香草油 … 3～4滴）
雞蛋 … **2顆**
鮮奶油 … **100ml**
檸檬汁 … **2小匙**

準備

● 用2層鋁箔紙包住烤模的底部與側邊（**a**）。

※ 由於使用水浴法隔水烘烤，角落部分鋁箔紙要往上包住，水才不會滲進烤模。烤模底只要往上推就會與邊框分離，包的時候要注意。

● 縱向剖開香草莢，用刀背刮取香草籽（**b**）。

● 奶油放進可微波容器並蓋上保鮮膜，放進微波爐（200W）加熱1分～1分30秒，使奶油融化。

● 準備熱水（隔水烘烤用）。

● 烤箱以180度預熱。

a

b

製作餅乾底

1

把材料 **A** 放進夾鏈袋，用桿麵棍輕輕敲碎以後，改成桿的方式把餅乾碾得更碎。

※袋子可能會破裂，請勿太過用力。

2

趁著融化奶油尚未冷卻前倒入步驟 **1**，關緊夾鏈袋，用手搓揉至均勻。

3

倒入模具，用湯匙等工具輕壓，把底部鋪滿餅乾。

POINT

餅乾底可冷藏保存約1週、冷凍保存約1個月，有時間的時候可以一次做好，隨時皆可使用更方便。冷凍過的餅乾底要先加熱再使用。加熱時請放進可微波容器並蓋上保鮮膜，以微波爐（200W）加熱2～3分鐘。

製作蛋糕部分

4

用保鮮膜包住奶油乳酪，放進微波爐（200W）加熱3～4分鐘。加熱軟化至中間沒有硬塊即可。

5

將奶油乳酪放進大鋼盆，用打蛋器以畫圈的方式攪拌成滑順的乳霜。

加入甘蔗砂糖，打蛋器貼緊盆底攪拌至均勻。

POINT

加入甘蔗砂糖以後會變黏，拌起來稍微吃力，但還是要攪拌至完全混和均勻。

依序加入材料 **B**。先放酸奶油攪拌，再來才是玉米粉、香草籽。

※先加入與奶油乳酪的質地相近的材料，慢慢把材料攪拌開來，是製作起司蛋糕麵糊的重點。

一次放一顆蛋，攪拌均勻再加下一顆。

※蛋的液體多，一次全加可能會產生結塊。

加入鮮奶油攪拌。

加入檸檬汁攪拌。最後換成矽膠刮刀，從盆底把材料翻起來拌，直到呈現均勻無顆粒的滑順狀。

過濾蛋糕糊

使用篩網將蛋糕糊過篩到另一個鋼盆。

蛋糕糊看起來很滑順，但其實還是有奶油乳酪的顆粒，所以別嫌麻煩就不做這個步驟。過篩起來的乳酪顆粒就用刮刀刮掉。

放進烤箱烘烤

把烤模放在方形鐵盤上，倒入麵糊以後再放到烤盤上。

烤盤放進烤箱，並將方形鐵盤注入高度約1cm的熱水。以180度烘烤30分鐘，出現淡淡的烤色之後，調降至150度續烤30分鐘（總共約60分鐘）。

※請注意別燙傷。熱水在烘烤過程中會逐漸減少，要補充水分至原本的高度，以維持隔水烘焙的狀態。

完成後馬上出爐，把抹刀前端約1cm插入烤模與蛋糕之間，沿著烤模周圍劃一圈，分離蛋糕與烤模。

※這樣整個蛋糕才會平均地往下陷。

完成！

直接放在烤模冷卻，摸起來不燙手就可以放進冰箱，冷藏3小時以上。

※直接把熱的蛋糕放進冰箱，會讓蛋糕產生水珠，所以完全冷卻後才能蓋上保鮮膜。

※冷藏一晚能讓起司蛋糕的味道更明顯，吃起來更美味。冷藏約可保存3～4天。

起司蛋糕的脫模方式

利用熱抹布或熱毛巾使烤模回溫，就可以讓起司蛋糕漂亮地脫模。
不管熱烤式起司蛋糕還是免烤起司蛋糕，都是這樣脫模。

抹布弄溼後擰乾，放進微波爐（600W）加熱1分鐘左右，再用抹布包覆烤模底部與側邊，讓烤模變熱（熱烤式起司蛋糕約停留5～10秒，免烤起司蛋糕約停留3～5秒）。

把烤模放在高台（鐵罐等等）上，用雙手緩緩地把烤模的外框往下推。

把抹刀平行插入餅乾底與烤模底盤之間，使蛋糕與底盤分離。

起司蛋糕的切法

想要切出好看的起司蛋糕，就要準備熱水讓刀子完全加熱。
建議使用不易沾附起司蛋糕的細長狀刀子。

使用蔬果刀（下）或細長的麵包刀（上）。

用熱水把刀子泡熱，再用廚房紙巾擦乾水分。

刀刃抵住蛋糕，垂直往下切。

切開餅乾底，再把刀子平行向外抽出。

POINT

每次都要把沾在刀子上的蛋糕擦乾淨。

重複步驟 2～4，切下1小塊蛋糕。

※起司蛋糕可冷凍保存（約1個月）。切好之後用保鮮膜包住，放入密封容器再放進冷凍庫。冷凍的起司蛋糕放在常溫底下解凍會產生水珠，請放在冰箱解凍，也不要使用微波爐加熱解凍。

莓果醬與堅果醬

本書介紹的起司蛋糕皆為減糖版本。
各位可以使用富含礦物質的楓糖漿
或橄欖油製作莓果醬與堅果醬，並
依個人喜好自由運用，享受不同風
味與口感的起司蛋糕。

楓糖莓果醬

材料　（方便製作的分量）

藍莓 … 100 g
楓糖漿 … 50 g

※新鮮藍莓或冷凍藍莓皆可。

作法

將材料放進可微波容器（**a**），不用蓋上保
鮮膜，直接放進微波爐（600W）加熱2～3
分鐘，取出放涼（**b**）。

※不蓋保鮮膜才能讓水分蒸發。果醬冷了會變
　硬，水分稍微收乾即可停止加熱。

※撈除浮沫，再裝進已煮沸消毒的容器，約可冷
　藏保存2～3週。

堅果醬

> 比單純的堅果
> 更適合起司蛋糕。

材料　（方便製作的份量）

綜合堅果（無調味烘焙）… 50 g
楓糖漿（或橄欖油）… 70～80 ㎖

※如要使用橄欖油，請使用新鮮的初榨冷壓橄欖
　油（**c**）。

作法

把堅果放進煮沸消毒過的容器，注入楓糖
漿（或橄欖油）至覆蓋過堅果（**d**），靜置半天
以上。

※楓糖漿能讓堅果變得濕潤又柔軟；使用橄欖油
　的堅果醬則能保留清脆的口感。

※冷藏約可保存1～2週。

（應用）莓果醬

材料　（方便製作的份量）

藍莓（或草莓）… 100 g（去除蒂頭）
甘蔗砂糖 … 35～40 g
檸檬汁 … 1/2小匙

作法

參考楓糖莓果醬的作法。請以微波爐
（600W）加熱4～5分鐘。

a　　　　b

c　　　　d

綜合莓果紐約起司蛋糕

⟨ VARIATION ⟩

只需放進酸甜的綜合莓果，就能烤出這款紐約起司蛋糕。
只用1種喜歡的莓果也能做出美味起司蛋糕。

材料（邊長15cm活動底方形烤模1個份）

【 餅乾底 】

A | 瑪麗餅乾（市售品）… 9片（約50g）
　 | 小麥胚芽餅乾（市售品）… 5片（約12g）

無鹽奶油 … 40g

【 蛋糕部分 】

奶油乳酪 … 200g

甘蔗砂糖 … 70g

B | 酸奶油 … 100g
　 | 玉米粉 … 1大匙
　 | 香草莢 … 1/2條
　 | （或香草油 … 3～4滴）
　 | 雞蛋 … 2顆　鮮奶油 … 100ml
　 | 檸檬汁 … 1小匙

綜合莓果（冷凍）… 80g

準備

● 與p.16相同。

作法　● 詳細請參考p.17～19。

1　製作餅乾底。把材料 **A** 敲成細碎狀，倒入融化奶油，混合均勻後倒入烤模，鋪平烤模底部。

2　製作蛋糕部分。用保鮮膜包住奶油乳酪，放進微波爐（600W）加熱3～4分鐘至軟化，然後放進鋼盆裡，用打蛋器攪拌。

3　加入甘蔗砂糖攪拌，依序加入材料 **B**，每加一樣都要完全攪拌均勻。最後改用矽膠刮刀攪拌。

4　蛋糕糊過篩後，加入綜合莓果輕輕攪拌（**a**）。烤模放在方形鐵盤上，再將蛋糕糊倒入烤模。

5　鐵盤放在烤盤上再放進烤箱，並在方形鐵盤注高度1cm的入熱水。以180度烘烤30分鐘後，轉為150度續烤30分鐘（總共約60分鐘），完成後立刻出爐。抹刀前端插入烤模與蛋糕之間，沿著烤模劃一圈。

6　不必脫模，直接放涼，再放進冰箱冷藏3小時以上。

※冷藏約可保存3～4天。

綜合莓果
（覆盆莓、藍莓、草莓）

直接使用出爐後依然鮮豔的冷凍莓果。用新鮮的莓果當然也沒問題。

a

⟨ VARIATION ⟩

大量添加富含膳食纖維、β-胡蘿蔔素、維生素C的南瓜。
多費一點工夫鋪上一層酸奶油霜，柔和的酸味最對味。

材料 （直徑15cm活動底圓形烤模1個份）

【 餅乾底 】

A｜ 瑪麗餅乾（市售品）… 9片（約50g）
　｜ 小麥胚芽餅乾（市售品）… 5片（約12g）

無鹽奶油 … 40g

【 蛋糕部分 】

奶油乳酪 … 200g

甘蔗砂糖 … 100g

B｜ 酸奶油 … 100g
　｜ 香草油 … 3～4滴
　｜ 肉桂粉 … 1小匙
　｜ 眾香子 … 1小匙
　｜ 南瓜 … 250g（處理後150g）
　｜ 雞蛋 … 2顆
　｜ 鮮奶油 … 50㎖
　｜ 鮮奶 … 50㎖

【 酸奶油霜 】

｜ 酸奶油 … 180g
｜ 鮮奶油 … 1大匙
｜ 甘蔗砂糖 … 40g

準備

● 與 p.16相同（不用準備香草莢）。

● 南瓜削皮並去除中間的瓤，切成一口大小。表面灑上一點水，放進可微波容器並蓋上保鮮膜，放入微波爐（600W）加熱5～6分鐘，壓泥後取150g。

作法

1～3 作法同「綜合莓果紐約起司蛋糕」。圖片為加入材料 **B** 的南瓜（**a**）。

4 麵糊過篩後倒入方形鐵盤中的烤模。

5 烘烤方式同「綜合莓果紐約起司蛋糕」。

6 不必脫模，直接冷卻至不燙手的程度。

7 製作酸奶油霜。將材料放入可微波容器，用打蛋器攪拌均勻後，放入微波爐（600W）加熱約30秒，取出再攪拌。

8 再次預熱烤箱，這次用200度預熱。將步驟 **7** 淋在步驟 **6** 的表面（**b**），烘烤5～6分鐘至表面凝固。出爐後直接放涼，再放進冰箱冷藏3小時以上。

※步驟 **8** 不必隔水烘烤。
※冷藏約可保存3～4天。

a

b

基本款古典起司蛋糕

就像出現在復古咖啡廳的懷舊經典蛋糕。
加了蛋白霜，口感比想像中的更加輕柔。

⟨ BASIC ⟩

基本款古典起司蛋糕

材料 （直徑15cm活動底圓形烤模1個份）

奶油乳酪 … 200g

甘蔗砂糖 … 40g

A
| 酸奶油 … 100g
| 香草油 … 3～4滴
| 蛋黃 … 2顆份
| 鮮奶 … 2大匙
| 檸檬皮（日本產）… ½～1顆份
| 檸檬汁 … 1又½大匙

低筋麵粉 … 50g

B
| 蛋白 … 2顆份
| 甘蔗砂糖 … 60g

準備

● 烤模底部鋪上烘焙紙（a）。

● 檸檬洗淨後，將黃色外皮磨成屑，果肉榨汁取
需要的重量。

● 烤箱以160度預熱。

a

用保鮮膜包住奶油乳酪，放進微波爐（200W）加熱3～4分鐘至軟化，再放入鋼盆並用打蛋器攪拌。加入40g的甘蔗砂糖，打蛋器貼著盆底攪拌至均勻。

依序放入材料 **A**，每加一樣材料都要攪拌至均勻。

低筋麵粉過篩至蛋糕糊，攪拌均勻。

以材料 **B** 製作蛋白霜。把蛋白放進另一個攪拌盆，使用電動攪拌器打發蛋白。蛋白呈現乳白泡沫狀後，先加入一半份量的甘蔗砂糖攪打片刻，再放入剩餘的蔗蛋白繼續攪打。

蛋白霜呈現直挺的尖狀，即完成打發。將蛋白霜平分成3次加入步驟 **3**，攪拌的力道要小，小心別讓蛋白霜消泡。

最後把打蛋器換成換成矽膠刮刀，沿著盆底撈起麵糊再往前翻，翻拌至沒有顆粒，也看不到黃色的麵糊痕跡。

將蛋糕糊倒入烤模。

將表面整平後，放在烤盤上，以160度的烤箱烘烤50～60分鐘。

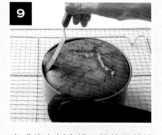

完成後立刻出爐，將抹刀前端約2cm插入蛋糕與烤模之間，使蛋糕與烤模分離。不必脫模，冷卻至不燙手的程度後，放進冰箱冷藏3小時以上。

※冷藏約可保存3～4天。

果乾堅果古典起司蛋糕

> VARIATION >

加上富含膳食纖維與維生素的果乾與堅果，
就算只有一小塊，也很有口感。

材料（直徑15cm活動底圓形烤模1個份）

奶油乳酪 … 200g
甘蔗砂糖 … 40g

A
| 酸奶油 … 100g
| 香草油 … 3～4滴
| 蛋黃 … 2顆份
| 鮮奶 … 2大匙
| 檸檬皮（日本產）… ½～1顆份
| 檸檬汁 … 1又½大匙

低筋麵粉 … 60g

B
| 蛋白 … 2顆份
| 甘蔗砂糖 … 60g

果乾（無花果、蔓越莓、覆盆莓等等）… 40g
綜合堅果（無調味烘焙）
（杏仁、開心果、核桃等等）… 80g

作法 ● 詳細請參考p.27。

1 用保鮮膜包住奶油乳酪，放進微波爐（200W）加熱3～4分鐘至軟化，再放入鋼盆並用打蛋器攪拌。加入40g的甘蔗砂糖攪拌至均勻。

2 依序放入材料 **A**，攪拌均勻後才能再放下一樣。低筋麵粉過篩加入，攪拌均勻。

3 打發材料 **B**，製作蛋白霜，平均分成3次加入步驟 **2**，輕輕攪拌至均勻，最後用矽膠刮刀翻拌至沒有顆粒。

4 將⅓份量的蛋糕糊倒入烤模，撒上各一半份量的果乾與堅果（**a**）。重複一次前述動作，最後用蛋糕糊覆蓋住果乾與堅果。

5 以160度的烤箱烘烤50～60分鐘。

6 出爐後利用抹刀分開蛋糕與烘焙紙，將烘焙紙抽出。不必脫模，直接冷卻，放進冰箱冷藏3小時以上。

※冷藏約可保存3～4天。

準備

● 與p.26相同。
● 請參考 p.32 的方式將烤模內側鋪上烘焙紙，以免蛋糕糊溢出烤模。
● 大塊的果乾請切成1～1.5cm的塊狀。

a

⟨ VARIATION ⟩

使用硬質起司取代奶油乳酪，改成更減糖的版本。
鹽的味道與起司的強烈風味，搭配紅酒、啤酒等酒類也很適合。

材料（邊長15cm活動底方形烤模1個份）

高達起司※ … 100g
鮮奶油 … 100㎖
酸奶油 … 100g
蛋黃 … 2顆份

A
| 香草油 … 3～4滴
| 鹽 … ⅓小匙
| 鮮奶 … 1大匙
| 檸檬皮（日本產）… ½～1顆份
| 檸檬汁 … 1又½大匙

低筋麵粉 … 50g

B
| 蛋白 … 2顆份
| 甘蔗砂糖 … 30g

※使用瑪利波起司、切達起司等硬質起司也很美味。

準備

● 與p.26相同。

作法 ● 詳細請參考p.27。

1 將高達起司切成1cm的塊狀，放進可微波容器，注入一半份量的鮮奶油（**a**）並蓋上保鮮膜，以微波爐（600W）加熱約2分鐘。高達起司溶化後，先用打蛋器攪拌片刻，再加入剩餘的鮮奶油攪拌。

2 把酸奶油放入另一個攪拌盆，用打蛋器攪拌至滑順，再加入蛋黃（**b**）、步驟**1**攪拌（**c**）。

3 依序放入材料**A**，每樣材料攪拌均勻後才能再放下一樣。低筋麵粉過篩加入，攪拌均勻。

4 打發材料**B**，製作蛋白霜，平分成3次加入步驟**3**，輕輕攪拌至均勻，最後用矽膠刮刀翻拌至沒有顆粒。

5 將蛋糕糊倒入烤模，以160度的烤箱烘烤50～60分鐘。

6 出爐後不必脫模，直接冷卻，接著放進冰箱冷藏3小時以上。
※冷藏約可保存3～4天。

a

b

c

基本款舒芙蕾起司蛋糕

結合蛋白霜，做成入口即化的起司蛋糕。
不使用酸奶油，用檸檬的風味讓味道更清爽。

⟨ BASIC ⟩

基本款舒芙蕾起司蛋糕

材料（直徑15㎝活動底圓形烤模1個份）

奶油乳酪 … 200g

A
| 蛋黃 … 3顆份
| 玉米粉 … 2大匙
| 鮮奶 … 100㎖
| 檸檬汁 … 2大匙
| 香草油 … 3～4滴

B
| 蛋白 … 3顆份
| 甘蔗砂糖 … 70g

準備

● 烤模底部鋪上2張烘焙紙。內側的上半部塗上沙拉油（額外份量），再把2張30×5㎝的烘焙紙貼在塗了沙拉油的部分上，圍出一圈加高層，以避免蛋糕糊溢出。烤模的底部與側邊皆用2層鋁箔紙包起（a）。

※由於使用水浴法隔水烘烤，要用鋁箔紙包住才不會讓水滲進烤模。烤模底板只要往上推就會與邊框分離，包的時候要注意。

● 準備熱水（隔水烘烤用）。

● 烤箱以180度預熱。

a

作法

1 用保鮮膜包住奶油乳酪，放進微波爐（200W）加熱3～4分鐘至軟化，再放入鋼盆，用打蛋器攪拌成滑順的乳霜狀。

2 依序放入材料 **A**，每種材料都拌勻後才能再加下一種。

3 用篩網過篩麵糊。

4 以材料 **B** 製作蛋白霜。蛋白與甘蔗砂糖放進另一個攪拌盆，使用電動攪拌器打發蛋白至提起攪拌棒時呈彎鉤狀。

※蛋白若打發至呈現直挺的尖角，蛋糕的表面會容易破裂，因此呈現彎鉤狀是最剛好的狀態。

5 將步驟 **4** 平均分成3次加入步驟 **3**，每一次攪拌的力道都要輕柔，小心別讓蛋白霜消泡。

6 最後改用矽膠刮刀沿著盆底撈起麵糊再往前翻，翻拌至沒有顆粒，也看不到黃色的麵糊痕跡。

7 先把烤模放在方形鐵盤上，再把蛋糕糊倒入烤模。蛋糕表面整平後，把鐵盤放在烤盤上。

8 放進烤箱，在方形鐵盤裡注入高度約1cm的熱水。以180度烘烤15～20分鐘，出現淡淡的烤色以後，溫度調降至120度續烤40～45分鐘（總共約55～65分鐘）。

※請注意別燙傷。熱水在烘烤過程中會逐漸減少，要補充水分至原本的高度，以維持隔水烘焙的狀態。

9 完成後立刻出爐，用抹刀分開側邊的烘焙紙與蛋糕，然後迅速抽起烘焙紙。不必脫模，冷卻至不燙手的程度後，放進冰箱冷藏3小時以上。

※立刻抽出烘焙紙才能讓蛋糕平均往下塌。

※冷藏約可保存3～4天。

⟨ VARIATION ⟩

黑芝麻豆奶大理石
起司蛋糕

使用含有豐富的維生素與鈣質、香氣濃郁的
芝麻粉與豆奶。使用白芝麻也沒問題，但黑
芝麻才能做出好看的單色大理石花紋。

⟨ VARIATION ⟩

咖啡舒芙蕾起司
蛋糕

使用即溶咖啡的變化版，不僅方便製作，還含
有豐富的多酚。咖啡的香氣與起司蛋糕非常契
合，入口就能感受到滿滿的咖啡香。

材料 （直徑15cm活動底圓形烤模1個份）

奶油乳酪 … 200g

A ｜ 蛋黃 … 3顆份
｜ 玉米粉 … 2大匙
｜ 檸檬汁 … 1小匙

即溶咖啡粉 … 1大匙

熱水 … 100mℓ

B ｜ 蛋白 … 3顆份
｜ 甘蔗砂糖 … 80g

即溶咖啡粉 … 1小匙

準備

● 同p.32。

● 1大匙的即溶咖啡粉與熱水攪拌後放涼。
　步驟**5**才會使用1小匙的咖啡粉，先放在
　一旁即可（**a**）。

a

作法 ● 詳細請參考p.33。

1 用保鮮膜包住奶油乳酪，放進微波爐（200W）加
　　熱3～4分鐘至軟化，放入鍋盆，用打蛋器攪拌
　　成滑順的乳霜狀。

2 依序放入材料**A**，每種材料都拌勻後才能再加下
　　一種。

3 加入咖啡液攪拌，並用篩網過篩蛋糕糊。

4 以材料**B**製作蛋白霜，將蛋白霜平均分成3次加
　　入，輕輕攪拌，最後改用矽膠刮刀翻拌均勻。

5 加入1小匙的即溶咖啡粉，輕輕攪拌後立刻倒入
　　方形鐵盤中的烤模。

6 將鐵盤放在烤盤再放進烤箱，並將鐵盤注入高度
　　約1cm的熱水。以180度烤15～20分後，溫度
　　調降至120度續烤40～45分（總共約55～65分鐘）。

7 完成後立刻出爐，用抹刀分開側邊的烘焙紙與蛋
　　糕，並抽起烘焙紙。不必脫模，冷卻後放進冰箱
　　冷藏3小時以上。

　　※冷藏約可保存3～4天。

材料 （直徑15cm活動底圓形烤模1個份）

奶油乳酪 … 200g

A ｜ 蛋黃 … 3顆份
｜ 玉米粉 … 1大匙
｜ 芝麻粉（黑）… 30g ※
｜ 豆奶 … 100mℓ
｜ 檸檬汁 … 1大匙

B ｜ 蛋白 … 3顆份
｜ 甘蔗砂糖 … 70g

芝麻粉（黑）… 20g

※芝麻粉容易沉澱，請先攪拌均勻再取所需重量。

準備

● 同p.32。

作法

1～2 同「咖啡舒芙蕾起司蛋糕」的步驟，
　　　用篩網過篩蛋糕糊。

3 以材料**B**製作蛋白霜，將蛋白霜平均分成3
　　次加入步驟**2**，輕輕攪拌，最後改用矽膠
　　刮刀翻拌至均勻。

4 取出約2湯勺（約100g）的蛋糕糊，加入
　　20g的芝麻粉攪拌，製作顏色較深的蛋糕
　　糊（**a**）。

5 把步驟**3**一半份量的蛋糕糊倒入方形鐵盤
　　中的烤模，再用畫圈的方式把步驟**4**一半
　　份量的深色蛋糕糊倒入烤模。重複一次同
　　樣的步驟，倒入剩餘的兩種蛋糕糊，並用
　　筷子輕輕攪拌，做出大理石紋路（**b**）。

6～7 同「咖啡舒芙蕾起司蛋糕」的步驟。

a

b

基本款半熟起司蛋糕

明明是烤箱烤出來的蛋糕，綿密滑順的口感卻像是由鮮奶油凝固而成。
這款半熟起司蛋糕是根據我20多年前的得意之作，改良而成的進化版。

⟨ BASIC ⟩

基本款半熟起司蛋糕

材料 （邊長15cm活動底方形烤模1個份）

【 餅乾底 】

A
瑪麗餅乾（市售品）… 9片（約50g）
小麥胚芽餅乾（市售品）… 5片（約12g）

無鹽奶油 … 40g

【 蛋糕部分 】

奶油乳酪 … 200g

甘蔗砂糖 … 50g

B
無調味優格 … 100g
蛋白 … 2顆份
鮮奶油 … 120㎖
檸檬汁 … 1大匙
香草油 … 3～4滴
櫻桃白蘭地（或鮮奶）… 2小匙

準備

- 烤模底部與側邊皆用2層鋁箔紙包住（a）。

  ※由於使用水浴法隔水烘烤，因此角落部分鋁箔紙要往上包住，水才不會滲進烤模。烤模底板只要往上推就會與邊框分離，包的時候要注意。

- 將奶油放進可微波容器並蓋上保鮮膜，放進微波爐（200W）加熱1分～1分30秒至融化。

- 準備熱水（隔水烘烤用）。

- 烤箱以180度預熱。

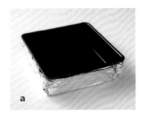

a

製作餅乾底。把材料 **A** 壓至粉碎，加入融化奶油一起攪拌，倒入模具，把底部鋪滿。

※詳細請參考 p.17 的作法 **1**～**3**。

製作蛋糕部分。用保鮮膜包住奶油乳酪，微波（200W）3～4分鐘至軟化。把奶油乳酪放進攪拌盆，攪拌成滑順的乳霜狀，再加入甘蔗砂糖，打蛋器貼著盆底攪拌均勻。

依序加入材料 **B**。每種材料都拌勻後才能再加下一種。圖片是正在加無調味優格的模樣。

圖片是正在加入蛋白、鮮奶油、檸檬汁、香草油、櫻桃白蘭地的模樣。蛋白分成 2 次加入會比較容易攪拌均勻。最後改用矽膠刮刀攪拌均勻。

用篩網過篩蛋糕糊。

倒入烤模，放在方形鐵盤上。放在烤盤上，並放進烤箱。

方形鐵盤注入高度約 1 cm 的熱水，以 180 度烘烤 30 分鐘，調降至 150 度續烤 30 分鐘（總共約60 分鐘）。

出爐後不必脫模，直接冷卻至不燙手的程度後，放進冰箱冷藏 3 小時以上。

※冷藏約可保存 3～4 天。

< VARIATION >

芒果半熟起司蛋糕

芒果是超受歡迎的熱帶水果，又含有豐富的 β - 胡蘿蔔素與鉀離子。
同時使用濃縮的芒果泥與新鮮的芒果，享受更加倍。

材料（邊長15 cm活動底方形烤模1個份）

【 餅乾底 】

| | 瑪麗餅乾（市售品）… 9 片（約50g） |
| A | 小麥胚芽餅乾（市售品）… 5 片（約12g） |

無鹽奶油 … 40g

【 蛋糕部分 】

奶油乳酪 … 200g
甘蔗砂糖 … 60g

	芒果泥（冷凍）… 120g
B	蛋白 … 2顆份
	鮮奶油 … 120㎖
	檸檬汁 … 1又½小匙

芒果 … 1顆
細葉香芹（依個人喜好）… 少許

準備

● 同p.38（烤箱以200度預熱）。
● 冷凍芒果泥放在室溫下解凍。
● 芒果削皮後切成1～1.5 cm的塊狀。

作法 ● 詳細請參考 p.39。

1 製作餅乾底。把材料 **A** 壓至粉碎，加入融化奶油一起攪拌，倒入模具，把底部鋪滿。

2 製作蛋糕部分。用保鮮膜包住奶油乳酪，放進微波爐（200W）加熱3～4分鐘至軟化。把奶油乳酪放進攪拌盆，用打蛋器攪拌成柔順的乳霜狀，再加入甘蔗砂糖攪拌。

3 依序加入材料 **B**（**a**）。每種材料都拌勻後才能再加下一種。最後改用矽膠刮刀攪拌至均勻，用篩網過篩蛋糕糊。

4 烤模先鋪上一半份量的芒果塊，再倒入蛋糕糊（**b**），然後放在方形鐵盤上。

5 鐵盤放在烤盤上，再放進烤箱。將鐵盤注入高度約1 cm的熱水，以200度烘烤20分鐘後，溫度調降至140度續烤40分鐘（總共約60分鐘）。出爐後不必脫模，冷卻後放進冰箱冷藏3小時以上。要品嘗時再用剩餘的芒果與細葉香芹裝飾。

※冷藏約可保存2～3天。

a   b

〈 VARIATION 〉

使用個人獨享的小容器，直接用湯匙挖著吃也沒問題。
富含礦物質的黑糖融化後就像焦糖醬，是一道布丁風格的起司蛋糕。

材料 （容量130㎖的耐熱玻璃杯6～7杯份）

【 蛋糕部分 】

奶油乳酪 … 200 g

黑糖（粉狀）… 50 g

A ┌ 無調味優格 … 100 g
  │ 蛋白 … 2顆份
  └ 鮮奶油 … 160 ㎖

黑糖（塊狀）… 50～60 g

準備

● 準備熱水（隔水烘焙用）。

● 烤箱以220度預熱。

● 將黑糖塊壓成約1㎝的小塊狀，每個玻璃杯都要準備2小塊的黑糖碎塊。

　※黑糖容易融化，因此請使用小容器製作。

作法

1　同「芒果半熟起司蛋糕」的步驟 **2**，但甘蔗砂糖要改成黑糖（粉狀）。

2　依序加入材料 **A**，每種材料都拌勻後才能再加下一種。最後改用矽膠刮刀攪拌至均勻，用篩網過篩蛋糕糊。

3　把玻璃杯放在方形鐵盤上，將每一杯都倒入等量的蛋糕糊，並垂直擺上2塊黑糖（**a**）。

4　把鐵盤放在烤盤上，再放進烤箱。將鐵盤注入高度約1㎝的熱水，以220度烘烤10分鐘後，溫度調降至120度續烤30分鐘（總共約40分鐘）。出爐後不必脫模，冷卻後放進冰箱冷藏3小時以上。

　※冷藏約可保存2～3天。

a

基本款巴斯克起司蛋糕 (作法在 p.44)

濃厚綿密的口感讓許多人著迷,是巴斯克地區著名的起司蛋糕。

使用圓形烤模讓蛋糕中間的口感猶如卡士達奶油醬。

基於健康考量,本食譜的烤色與甜度都略低於正常版的巴斯克起司蛋糕。

基本款起司凍派（作法在p.48）

入口即化，是一道適合招待客人的甜點。
使用長形烤模隔水烘焙而成，可以切成薄片來享用。
綿密柔軟，遇熱即化，因此務必放在冰箱保存，要品嘗時再取出。

⟨ BASIC ⟩

基本款巴斯克起司蛋糕

材料（直徑15㎝活動底圓形烤模1個份）

奶油乳酪 … 300g
甘蔗砂糖 … 80g
雞蛋 … 3顆

A
｜鮮奶油 … 200㎖
｜鮮奶 … 100㎖
｜香草油 … 3～4滴
｜檸檬汁 … 2小匙

準備

● 先取出烤模底板，將邊長30～33㎝的方形烘焙紙放在烤模上，放上底板之後輕輕往下壓（**a**）。取出底板與烘焙紙，先把底板放回烤模，再把烘焙紙放進烤模鋪好，並將多出來的烘焙紙往下摺在烤模外側（**b**）。將長度50㎝的鋁箔紙對摺再對摺成4層的長條狀，圍在烤模外側並把頭尾兩端固定好，讓烘焙紙不會亂翹（**c**）。

● 烤箱以250度預熱。

a

b

c

1

用保鮮膜包住奶油乳酪，放進微波爐（200W）加熱4～5分鐘至軟化，放入鋼盆，用打蛋器攪拌成滑順的乳霜狀。再加入甘蔗砂糖，用打蛋器貼著盆底攪拌。

2

一次放一顆雞蛋，攪拌均勻後再加下一顆。

※一次全加的話，會很難攪拌，奶油乳酪也可能會結塊，所以記得要分次加入攪拌。

3

依序放入材料 A，每種材料都拌勻後才能再加下一種。圖片是正在加鮮奶油的模樣。

4

加了鮮奶、香草油、檸檬汁攪拌的模樣。最後改用矽膠刮刀翻拌至均勻。

5

用篩網過篩蛋糕糊。

6

倒入烤模。

7

烘焙前的狀態。放在烤盤上，放進烤箱以250度烘烤約15分鐘，出現淡淡的烤色以後，溫度降為210度續烤10分鐘，再降為180度烤15分鐘左右（總共約40分鐘）。

8

出爐後不用脫模，直接冷卻至不燙手的程度後，放進冰箱冷藏3小時以上。

※烤色太淺的話，最後可以視情況將烤箱溫度提高至220～230度，以增加蛋糕的烤色。

※冷藏約可保存3～4天。

⟨ VARIATION ⟩

覆盆莓巴斯克
起司蛋糕

用酸味十足的覆盆莓，突顯出起司蛋糕
的香甜。風味的搭配程度自然不必多
說，蛋糕的斷面更是華麗。

⟨ VARIATION ⟩

藍紋起司巴斯克
蛋糕

把藍紋起司拌入奶油乳酪，做成香氣獨
特的起司蛋糕。核桃的口感與香氣讓起
司蛋糕的味道更溫和，變得更容易入
口。

材料 （直徑15cm活動底圓形烤模1個份）

奶油乳酪 … 300g

甘蔗砂糖 … 100g

	雞蛋 … 3顆
A	鮮奶油 … 200㎖
	鮮奶 … 100㎖
	檸檬汁 … 2小匙
	香草油 … 3～4滴

覆盆莓（冷凍）* … 30g

※覆盆莓不用退冰，直接使用（a）。冷凍的覆盆莓烤完之後依然有著鮮豔的色澤。也可以使用新鮮的覆盆莓。

準備

● 同p.44。

作法 ● 詳細請參考p.45。

1 用保鮮膜包住奶油乳酪，放進微波爐（200W）加熱4～5分鐘至軟化，放入鋼盆並用打蛋器攪拌成滑順的乳霜狀。加入甘蔗砂糖攪拌。

2 依序放入材料 **A**（雞蛋一次1顆）並逐項拌勻。最後改用矽膠刮刀翻拌至均勻。

3 過篩蛋糕糊，加入覆盆莓再稍微攪拌一下。

4 把蛋糕糊倒入烤模（b）再放進烤箱，先用250度烤15分鐘，溫度調降至210度續烤10分鐘，最後降為180度再烤20分鐘（總共約45分鐘）。出爐後不用脫模，直接冷卻，再放進冰箱冷藏3小時以上。

※烤色太淺的話，最後可將烤箱溫度提高至220～230度，增加蛋糕的烤色。

※冷藏約可保存3～4天。

a　　　b

覆盆莓巴斯克起司蛋糕

材料 （直徑15cm活動底圓形烤模1個份）

藍紋起司* … 80g

鮮奶油 … 80㎖

奶油乳酪 … 180g

甘蔗砂糖 … 90g

	雞蛋 … 3顆
A	鮮奶油 … 80㎖
	鮮奶 … 80㎖
	檸檬汁 … 2小匙
	香草油 … 3～4滴

核桃（無調味烘焙）… 50g

※布雷斯起司的味道較溫和，洛克福起司的藍紋起司風味則更凸出。

準備

● 同p.44（烤箱以230度預熱）。

● 先把核桃切碎。

作法

1 藍紋起司切成1cm的塊狀，並分成2等分（a）。一半放進可微波容器並加入80㎖的鮮奶油，蓋上保鮮膜後放進微波爐（600W）加熱約1分鐘至融化，然後攪拌均勻。

2 同「覆盆莓巴斯克起司蛋糕」的步驟**1**～**2**。

3 把步驟**1**加熱至融化的起司加進來攪拌，用篩網過篩蛋糕糊。加入另一半的藍紋起司（b），再加入核桃一起攪拌。

4 把蛋糕糊倒入烤模並放進烤箱，先用230度烤15分鐘，溫度調降至210度續烤10分鐘，最後降為180度再烤15分鐘（總共約40分鐘）。出爐後不用脫模，直接冷卻，再放進冰箱冷藏3小時以上。

※烤色太淺的話，最後可將烤箱溫度提高至220～230度，增加蛋糕的烤色。

※冷藏約可保存3～4天。

a　　　b

藍紋起司巴斯克蛋糕

⟨ BASIC ⟩

基本款起司凍派

材料（9×22×高度7㎝的長形烤模1條份）

奶油乳酪 … 200g
甘蔗砂糖 … 100g

A ⎰ 酸奶油 … 150g
　　香草莢 … ½條
　　（或香草油 … 3～4滴）
　　雞蛋 … 1顆
　　鮮奶油 … 150㎖
　　鮮奶 … 2大匙
　　檸檬汁 … 1小匙

準備

- 用烘焙紙包住烤模外側，做出摺痕（**a**），將摺痕處剪開，並剪去多餘的重疊部分（**b**）。烤模內塗上沙拉油（額外份量），再鋪上剪好的烘焙紙（**c**）。
- 縱向剖開香草莢，用刀背取出香草籽。
- 準備熱水（隔水烘焙用）。
- 烤箱以180度預熱。

a

b

c

1

用保鮮膜包住奶油乳酪,放進微波爐(200W)加熱3～4分鐘至軟化。放入鋼盆並用打蛋器攪拌成滑順的乳霜狀,再加入甘蔗砂糖,用打蛋器貼著盆底攪拌。

2

依序放入材料 **A**,每種材料都拌勻後才能再加下一種。圖片是正在加酸奶油的模樣。

3

正在加香草籽的模樣。

4

加入雞蛋攪拌的模樣。

5

加了鮮奶油、鮮奶、檸檬汁攪拌的模樣。最後改用矽膠刮刀翻拌至均勻。

6

用篩網過篩蛋糕糊。

7

烤模先放在方形鐵盤裡,再把蛋糕糊倒入烤模,然後放在烤盤上。

8

放進烤箱後,在方形鐵盤裡注入高度約1㎝的熱水。先用180度烘烤20分鐘,形成淡淡的烤色後,將溫度降為120度續烤40分鐘(總共約60分鐘)。

9

出爐後不用脫模,直接冷卻至不燙手的程度後,再放進冰箱冷藏3小時以上。

※冷藏約可保存3～4天。

酪
梨
萊
姆
起
司
凍
派

< VARIATION >

酪梨被譽為森林中的奶油,含有豐富的油酸。
利用萊姆溫和的果酸與香氣,讓酪梨恰似奶油的滑順口感更加明顯。

材料 (9×22×高度7cm的長形烤模1條份)

奶油乳酪 … 200g
甘蔗砂糖 … 90g
酸奶油 … 100g
酪梨※ … 1顆(處理後取100g)
萊姆原汁 … 1小匙

A
┤ 雞蛋 … 1顆
│ 鮮奶油 … 150㎖
│ 鮮奶 … 2大匙
└ 萊姆皮 … ½顆份

※使用表面按壓起來有點彈性的成熟酪梨
(a)。

準備

● 同p.48(不用準備香草莢)。

● 萊姆洗淨後,將表皮綠色的部分磨成碎
屑(b),果肉部分榨汁並取需要的份量。
※磨成碎屑的萊姆皮請使用保鮮膜包緊,以
免變色。

● 酪梨去皮、去籽,若果肉有變色的部
分,也一併去除。取100g果肉並淋上萊
姆汁,用叉子壓碎(c)。

作法 ● 詳細請參考p.49。

1 用保鮮膜包住奶油乳酪,放進微波爐(200W)加
熱3~4分鐘至軟化。放入鋼盆,用打蛋器攪拌成
滑順的乳霜狀,再加入甘蔗砂糖攪拌。

2 依序放入酸奶油、搗成泥的酪梨100g,每種材
料都拌勻後才能再加下一種。

3 依序放入材料A,每種材料都拌勻後才能再加下
一種。最後改用矽膠刮刀翻拌至均勻。

4 用篩網過篩蛋糕糊,再把蛋糕糊倒入烤模。

5 先把烤模放在方形鐵盤上,再把鐵盤放在烤盤
上,放進烤箱後將鐵盤注入高度約1cm的熱水。
先用180度烘烤20分鐘,再將烤箱溫度降為120
度續烤40分鐘(總共約60分鐘)。出爐後不用脫
模,直接冷卻至不燙手的程度後,再放進冰箱冷
藏3小時以上。

※冷藏約可保存3~4天。

a   b   c

VARIATION

大量使用富含可可多酚的黑巧克力，做成濃郁的法式凍派。
搭配上微微的酸味，更突顯出巧克力的微苦與香甜。

材料 （9×22×高度7cm的長形烤模1條份）

奶油乳酪 … 250g

甘蔗砂糖 … 100g

酸奶油 … 100g

A ┃ 鮮奶油 … 150㎖
　 ┃ 黑巧克力※ … 70g

雞蛋 … 1顆

鮮奶 … 3大匙

※請使用可可含量70％以上的黑巧克力。此處
　使用可可含量88％的黑巧克力。

準備

● 同p.48（不用準備香草莢）。

● 把材料 A 的鮮奶油倒入小鍋子，中火加
　熱至沸騰後關火，再放入巧克力（a）。
　靜置1～2分鐘至巧克力融化後，再用矽
　膠刮刀攪拌至均勻。

作法

1　作法同「酪梨萊姆起司凍派」的步驟 1。

2　依序放入酸奶油、材料 A、雞蛋、鮮奶，每種材
　　料都拌勻後才能再加下一種。最後改用矽膠刮刀
　　翻拌至均勻。

3　用篩網過篩蛋糕糊（b），再把蛋糕糊倒入烤模。

4　烘烤方式同「酪梨萊姆起司凍派」的步驟 5。
　　※冷藏約可保存3～4天。

a

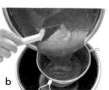

b

起司蛋糕與飲品

做好的起司蛋糕與起司甜點，不管搭配哪種飲品都很合適，接下來要介紹一下我個人喜愛的搭配，推薦各位依照當日的心情，試試看這幾款飲品。我在喝咖啡或紅茶的時候，通常都習慣不加奶、不加糖，直接品嘗咖啡與紅茶的原味，這樣才能享受甜品本身的甜味。

咖啡

我很喜歡喝咖啡，但為了避免晚上睡不著，中午過後都會盡量改喝低因（decaf）咖啡。低因咖啡與一般咖啡的味道幾乎一樣，咖啡多酚的含量也差不多。將咖啡豆磨成粉，再沖泡成咖啡時，那陣陣的香氣總是撫慰了我的心靈。

紐約起司蛋糕、黑巧克力起司凍派、藍紋起司瑪德蓮蛋糕這些味道濃郁的甜點，配上味道香醇的咖啡，就是最棒的組合。

紅茶或中國茶等茶飲

錫蘭紅茶、英式早餐茶等味道清爽的紅茶，都很適合直接飲用，不必再加奶精或砂糖，但若將製作蛋糕時剩餘的香草莢保留起來，再與紅茶葉一起放進茶壺，沖出來的紅茶就會帶著香草的香氣，讓茶香更加有韻味。

平常我會使用方便的茶包，而在招待客人或是想要放鬆的時候，我會選擇沖泡芬芳馥郁的香草茶，來杯不一樣的茶飲。法國的MARIAGE FRERES與KUSMI TEA等等，都是我喜歡茶葉品牌。

清淡爽口的中國茶，很適合搭配熱烤式起司蛋糕與烘焙起司甜點。帶著桂花香氣的上等桂花美人茶等等，都是我常喝的中國茶。

在花草茶當中，我很喜歡英國CLIPPER的洋甘菊茶，有著與近似鳳梨的香氣。花草茶不含咖啡因，又具有舒緩精神的效果，所以就算是睡前也能放心喝。口感溫順的起司蛋糕，如：法式安茹白乳酪蛋糕、舒芙蕾起司蛋糕等等，是與花草茶搭配的經典組合。

Part 2

ICE-BOX CHEESECAKE & DESSERT

免烤起司蛋糕與甜點

免烤起司蛋糕入口即化的口感,讓許
多人愛不釋口。不用烤箱就能製作,
也是這款起司蛋糕的魅力。沒有模具
也不要緊,只要把蛋糕糊倒入玻璃杯
或方形鐵盤,冷卻凝固就OK。也會介
紹無比適合下午茶與飯後甜點的起司
蛋糕,例如:利用蛋白霜或發泡鮮奶油
創造輕盈口感的起司慕斯、使用優格
製作的法式安茹白乳酪蛋糕等等。

基本款免烤起司蛋糕

靠充滿膠原蛋白的吉利丁來成形，不用烤箱也能做出起司蛋糕。
優格與檸檬的溫和酸味，以及滑順的綿密口感，是免烤起司蛋糕最大的特色。

基本款免烤起司蛋糕

材料 （直徑15cm活動底圓形烤模1個份）

【 餅乾底 】

A
| 瑪麗餅乾（市售品）… 9 片（約50g）
| 小麥胚芽餅乾（市售品）
| … 5 片（約12g）

無鹽奶油 … 40g

【 蛋糕部分 】

奶油乳酪 … 200g

甘蔗砂糖 … 60g

B
| 無調味優格 … 120g
| 鮮奶油 … 100ml
| 香草油 … 3～4滴
| 檸檬汁 … 1小匙

C
| 冷水 … 2大匙
| 吉利丁粉 … 5g

鮮奶油 … 100ml

準備

- 把奶油放進可微波容器並蓋上保鮮膜，以微波爐（200W）加熱1分～1分30秒至融化。

- 先把材料C的冷水倒入耐熱容器，再把吉利丁粉倒入水中，輕輕攪拌均勻，讓粉末吸水膨脹（a）。

a

1

製作餅乾底。把材料 **A** 壓至粉碎,加入融化奶油一起攪拌,倒入模具,把底部鋪滿。

※詳細請參考 p.17 的作法 **1**～**3**。

2

製作蛋糕部分。用保鮮膜包住奶油乳酪,放進微波爐（200W）加熱3～4分鐘至軟化。放進攪拌盆,用打蛋器攪拌成滑順的乳霜狀,再加入甘蔗砂糖,用打蛋器貼著盆底攪拌。

3

依序加入材料 **B**。每種材料都拌勻後才能再加下一種。先加無調味優格攪拌至均勻。

4

正在加100 ㎖的鮮奶油、香草油、檸檬汁的模樣。

5

把100 ㎖的鮮奶油倒入已泡水膨脹的材料 **C**。蓋上保鮮膜再用微波爐（200W）加熱1分～1分30秒至融化,然後攪拌一下。

6

將步驟 **5** 倒入步驟 **4**。最後改用矽膠刮刀攪拌至均勻。

7

用篩網過篩蛋糕糊。

8

把蛋糕糊倒入烤模。

9

放進冰箱冷藏3小時以上至蛋糕凝固。

※冷藏約可保存2～3天。

〈 VARIATION 〉

免烤草莓起司蛋糕

大量使用富含維生素C、味道酸甜的草莓果泥，取代優格。
使用了冷凍草莓果泥，讓成品有著漂亮的粉紅色。

材料（直徑15㎝活動底圓形烤模1個份）

【 餅乾底 】

A
| 瑪麗餅乾（市售品）… 9片（約50g） |
| 小麥胚芽餅乾（市售品）… 5片（約12g） |

無鹽奶油 … 40g

【 蛋糕部分 】

奶油乳酪 … 200g
甘蔗砂糖 … 60g
草莓果泥（冷凍）… 140㎖
鮮奶油 … 100㎖
檸檬汁 … 1小匙

B
| 冷水 … 2大匙 |
| 吉利丁粉 … 5g |

鮮奶油 … 50㎖
草莓（裝飾用）… 6～8顆

準備

● 同 p.57。

● 烤模側邊鋪上4.5×50㎝的
　慕斯圍邊（烘焙專用塑膠圍片）
　（**a**）。

※側邊的慕斯可能會變色，因
　此使用慕斯圍邊。

● 冷凍草莓果泥請放在室溫下
　解凍（**b**）。

作法 ● 詳細請參考p.57。

1 製作餅乾底。把材料A壓至粉碎，加入融化奶油
　一起攪拌，倒入模具，把底部鋪滿。

2 製作蛋糕部分。用保鮮膜包住奶油乳酪，放進微
　波爐（200W）加熱3～4分鐘至軟化。放進攪拌
　盆，用打蛋器攪拌成滑順的乳霜狀，再加入甘蔗
　砂糖攪拌。

3 依序加入草莓果泥、100㎖的鮮奶油、檸檬汁攪
　拌至均勻。

4 把50㎖的鮮奶油倒入已泡水膨脹的材料B，蓋上
　保鮮膜再用微波爐（200W）加熱1分～1分30秒
　至融化。

5 倒入步驟**3**攪拌。最後改用矽膠刮刀攪拌至均
　勻。

6 用篩網過篩蛋糕糊，再倒入烤模。放進冰箱冷藏
　3小時以上至蛋糕凝固。要品嘗時再用草莓裝飾。
　※冷藏約可保存2～3天。

a　　b

〈 VARIATION 〉

香蕉富含鉀離子與膳食纖維，與巧克力搭配就是最受歡迎的組合。
大塊的巧克力屑酥酥脆脆，小塊的巧克力屑咬起來很有口感。

材料（邊長15㎝活動底方形烤模1個份）

【 餅乾底 】

A │ 瑪麗餅乾（市售品）… 9片（約50g）
  │ 小麥胚芽餅乾（市售品）
  │ … 5片約12g）

無鹽奶油 … 40g

【 蛋糕部分 】

奶油乳酪 … 200g
甘蔗砂糖 … 60g
無調味優格 … 100g
香草油 … 4～5滴
檸檬汁 … 1小匙
B │ 冷水 … 2大匙
  │ 吉利丁粉 … 5g
鮮奶油 … 150㎖
黑巧克力 … 20g
香蕉（大根）… 2條

準備

● 同 p.57。
● 巧克力切碎（a）。

作法

1～2 作法同「免烤草莓起司蛋糕」。

3 依序加入無調味優格、香草油、檸檬汁攪拌至均勻。

4 取50㎖的鮮奶油倒入已泡水膨脹的材料B，蓋上保鮮膜再用微波爐（200W）加熱1分～1分30秒至融化。

5 倒入步驟3攪拌，用篩網過篩蛋糕糊。

6 把其餘的鮮奶油放入另一個攪拌盆，隔著冰水打發至八分發（撈起尚可滴落的滑順固態狀），分成2次加入步驟5攪拌（b），最後改用矽膠刮刀翻拌至均勻。

7 把香蕉鋪在烤模中，再倒入蛋糕糊（c）。抹平表面，再放進冰箱冷藏4小時以上至蛋糕凝固。

※用手稍微掰一下，就可以把彎彎的香蕉弄直。多餘的香蕉可以拿來裝飾。

※冷藏約可保存2～3天。

a   b   c

免烤薑味堅果起司蛋糕

薑含有薑醇，具有抗氧化作用與促進血液循環的效果。酵
素的作用會讓蛋糕的口感偏軟，因此吉利丁的用量要多一
些。

〈 VARIATION 〉

免烤鹹檸檬豆奶
起司蛋糕

使用富含異黃酮且低醣的豆奶，做出清爽的味道。鹽漬
檸檬不管是切碎撒在表面，還是拌入蛋糕，都非常美
味。

材料 （容量150ml的耐熱玻璃杯6～7杯份）

鮮奶油 … 100ml

奶油乳酪 … 200g

甘蔗砂糖 … 60g

A │ 無調味優格 … 70g
　│ 檸檬汁 … 1小匙

薑 … 2塊（約150g）

B │ 冷水 … 4大匙
　│ 吉利丁粉 … 10g

鮮奶油 … 2大匙

堅果醬（橄欖油版本／p.21）
… 2～3大匙

準備

● 先把材料 **B** 的冷水倒入耐熱容器，再把吉利丁粉倒入水中，輕輕攪拌均勻，使粉末吸水膨脹。

● 把薑洗乾淨，連同表皮磨成泥。使用篩網過篩，取100g的薑汁（a）。

● 把100ml的鮮奶油放入攪拌盆中，隔著冰水打發至八分發（撈起尚可滴落的滑順固態狀），放進冰箱冷藏待用。

作法

1　用保鮮膜包住奶油乳酪，放進微波爐（200W）加熱3～4分鐘至軟化。放進攪拌盆，用打蛋器攪拌成滑順的乳霜狀，再加入甘蔗砂糖攪拌。

2　依序加入材料 **A**、薑汁，每種材料都拌勻後才能再加下一種。

3　把2大匙的鮮奶油倒入泡開水的材料 **B**，蓋上保鮮膜用微波爐（200W）加熱1分～1分30秒至融化。倒入步驟 **2** 攪拌，用篩網過篩蛋糕糊。

4　將打發的鮮奶油分成2次倒入蛋糕糊，最後改用矽膠刮刀攪拌至均勻。

5　把蛋糕糊平均倒入玻璃杯，放進冰箱冷藏4小時以上至凝固。要品嘗時再用堅果醬裝飾。
※冷藏約可保存2～3天。

a

材料 （容量150ml的耐熱玻璃杯6～7杯份）

奶油乳酪 … 100g

甘蔗砂糖 … 45g

A │ 豆奶 … 200ml
　│ 檸檬汁 … 2小匙

B │ 冷水 … 2大匙
　│ 吉利丁粉 … 5g

鮮奶油 … 50ml

鹽漬檸檬（作法如右）… 6～7片

※若要拌入蛋糕糊，請使用2片切碎的鹽漬檸檬，並在步驟 **3** 的最後加入蛋糕糊。

準備

● 先把材料 **B** 的冷水倒入耐熱容器，再把吉利丁粉倒入水中，輕輕攪拌均勻，使粉末吸水膨脹。

作法

1～3　作法同「免烤薑味堅果起司蛋糕」的步驟 **1**～**3**，但不用加薑汁。鮮奶油的用量為50ml。

4　把蛋糕糊平均倒入玻璃杯，放進冰箱冷藏4小時以上至凝固。要品嘗時再用鹽漬檸檬裝飾。
※冷藏約可保存2～3天。

鹽漬檸檬

材料 （方便製作的份量）

檸檬（日本產）… 1顆
鹽 … 20g

a

作法

檸檬洗淨後切成薄圓片，並以一層檸檬、一層鹽的方式，與鹽一同放進煮沸消毒過的容器（a）。放進冰箱醃漬，隔天再將瓶子上下顛倒擺，每日均換一次方向，約醃漬1週。

※冷藏約可保存1個月。沒用完的鹽漬檸檬可以泡成飲料等等。

抹茶提拉米蘇

使用富含兒茶素與茶氨酸的抹茶，製作這款超人氣經典甜點的變化版。
讓餅乾吸飽酒氣香甜又濃郁的抹茶利口酒糖漿，打造出大人風格的口味。

手指餅乾（市售品）… 100g

【 糖漿 】

　抹茶粉 … 1大匙

　熱水 … 130㎖

　抹茶利口酒 … 50㎖

　（或白蘭姆酒）

【 鮮奶油醬 】

　馬斯卡彭起司 … 250g

　蛋黃 … 3顆份

　鮮奶油 … 100㎖

A　蛋白 … 3顆份

　甘蔗砂糖 … 30g

抹茶粉（裝飾用）… 適量

準備

● 提前將馬斯卡彭起司放在室溫下
　約30分～1小時。

馬斯卡彭起司

微甜、綿密滑順的新鮮起
司。此處使用的是義大利
生產的軟質馬斯卡彭起
司。微波加熱會造成乳水
分離，請放在室溫下退冰
後再使用。

作法

1 製作糖漿。將1大匙的抹茶粉倒入小攪拌盆，再慢慢倒
　入熱水，用打蛋器攪拌均勻。冷卻後加入抹茶利口酒
　攪拌。

2 將一半的手指餅乾鋪在容器底部，並倒入一半的抹茶
　糖漿讓餅乾吸收（a）。

3 製作鮮奶油。將馬斯卡彭起司放進攪拌盆，用打蛋器
　攪拌成滑順的乳霜狀後，一次加1顆蛋黃，攪拌拌勻後
　才再放下一顆（b）。

4 把鮮奶油倒入攪拌盆，隔著冰水打發至八分發（撈起尚
　可滴落的滑順固態狀），再分成2次倒入步驟3攪拌至均
　勻，放進冰箱冷藏。

5 用材料A製作蛋白霜。把蛋白放進另一個攪拌盆，用
　電動攪拌器打發至乳白狀後，將甘蔗砂糖分成2次加入
　攪拌，將蛋白霜打發至呈現直挺的尖狀。

6 把蛋白霜平均分成3次加入步驟4，每一次攪拌的力道
　都要輕柔，小心別讓蛋白霜消泡。最後改用矽膠刮刀
　從盆底翻拌至均勻。

7 將步驟6的奶油霜倒一半在步驟2上，用刮板等工具
　抹平。

8 與步驟2一樣鋪上手指餅乾（c），並倒入剩餘的抹茶糖
　漿讓餅乾吸收。倒入另一半的奶油霜，抹平表面後，
　放進冰箱冷藏3小時以上。

9 要品嘗時再用濾茶網撒上抹茶粉。
　※注意別撒太多抹茶粉，不然抹茶的苦味會變得太明顯。
　※冷藏約可保存2～3天。

a

b

c

優格版安茹白乳酪蛋糕

原本是一款用白乳酪製作的慕斯風格起司蛋糕,現在改用優格。
這款蛋糕的風格就是要做成一大份,再隨意分成小份享用,所以不需要專用模具。
請務必加上翠綠鮮艷且富含維生素C的奇異果醬一起享用。

無調味優格 … 400 g
（瀝水後200 g）
蜂蜜※1 … 40 g
鮮奶油（乳脂肪含量35％）… 100 ㎖
A
 | 蛋白（大顆）… 1顆份
 | 甘蔗砂糖 … 30 g
【奇異果醬】
 | **奇異果**※2 … 1個
 | **甘蔗砂糖** … 20 g
 | **櫻桃白蘭地**（可加可不加）… 1小匙

※1 此處使用麥蘆卡蜂蜜。也可以使用洋槐
　　蜂蜜等等的日本國產蜂蜜。

※2 也可以使用芒果、草莓等水果。

準備

● 將篩網放在攪拌盆上，鋪上2層餐巾
紙。倒入無調味優格並蓋上保鮮膜，
放進冰箱冷藏一晚（8小時以上），把優
格的水分過濾出來（**a**）。使用時取
200 g 的優格。

※不足200 g 的話，就用優格過濾出的乳
清（whey）補足重量。乳清含有豐富的
鈣質等營養，所以別直接把乳清丟掉，
跟步驟**6**過濾出的液體一起加上氣泡水
與檸檬汁，就會變成好喝的飲料。

● 準備乾淨的紗布（約30×60㎝）。

作法

1 將去除水分的200 g 優格放在攪拌盆中，用打蛋器攪拌
至滑順狀。

2 加入蜂蜜攪拌（**b**）。

3 將鮮奶油倒入另一個攪拌盆，隔著冰水打發至八分發
（撈起尚可滴落的滑順固態狀）（**c**），然後倒入步驟**2**攪拌。

4 用材料 **A** 製作蛋白霜。把蛋白放進小的攪拌盆，用電
動攪拌器打發至乳白狀後，將30 g 的甘蔗砂糖分成2
次加入攪拌，打發至蛋白霜呈現直挺的尖狀。

5 將蛋白霜平均分成3次加入步驟**3**，每一次攪拌的力道
都要輕柔，小心別讓蛋白霜消泡。最後改用矽膠刮刀
翻拌至均勻。

6 把篩網放在攪拌盆上，再把洗淨並擰乾的紗布摺成2
層，鋪在篩網上，然後把步驟**5**倒在紗布上，並抹平
表面。用旁邊的紗布蓋住表面（**d**），蓋上保鮮膜後以盤
子等重物加壓，放進冰箱4小時以上，擠出水分。

7 製作奇異果醬。奇異果削皮後磨成泥，加入20 g 的甘
蔗砂糖與櫻桃白蘭地攪拌。

8 將步驟**6**分裝至容器，淋上步驟**7**的果醬。
※冷藏約可保存2～3天。

a

b

c

d

雪藏蛋糕

瑞可達起司加上蛋白霜，做成口感清爽的義式冰淇淋蛋糕。
加上開心果與草莓凍乾，讓視覺與味覺都滿足。

材料 （9×22×高度7cm的長形烤模1條份）

鮮奶油 … 100㎖

瑞可達起司※ … 200g

甘蔗砂糖 … 50g

檸檬汁 … 1又½大匙

鮮奶 … 50㎖

香草油 … 3～4滴

A | 蛋白 … 1顆份
  | 甘蔗砂糖 … 30g

藍莓 … 50g

開心果（烘焙用）… 20g

草莓（凍乾）… 8～10顆

※也可以使用茅屋起司（過篩款）或奶油乳酪製
　作，享受不同的風味。

準備

● 烤模鋪上烘焙紙（參考p.48）。

● 開心果切成粗末。

瑞可達起司

瑞可達音譯自義大利文的「Ricotta」，意思是「再煮一次」，是一款以乳清為原料的新鮮起司，味道清爽。

作法

1 將鮮奶油倒入攪拌盆，隔著冰水打發至八分發（撈起尚可滴落的滑順固態狀），放進冰箱冷藏。

2 將瑞可達起司放在攪拌盆，用打蛋器攪拌成滑順的乳霜狀後，加入50g的甘蔗砂糖攪拌。依序將檸檬汁、鮮奶、香草油加入攪拌。

3 加入步驟 **1** 攪拌（**a**），放進冰箱冷藏。

4 用材料 **A** 製作蛋白霜。把蛋白放進小攪拌盆，用電動攪拌器打發至乳白狀後，將30g的甘蔗砂糖分成2次加入，將蛋白霜打發至呈現直挺的尖狀。

5 將步驟 **4** 平均分成3次加入步驟 **3**，每一次攪拌的力道都要輕柔，小心別讓蛋白霜消泡。最後改用矽膠刮刀從盆底翻拌至均勻。

6 加入藍莓與開心果，稍微攪拌即可。

7 將一半的蛋糕糊倒入模具中，然後擺上草莓（**b**）。倒入剩下的蛋糕糊並將表面抹平，蓋上保鮮膜再放入冰箱，冷藏5小時以上至凝固。

※冷凍約可保存1個月。

a　　　　　　　b

甘酒黑豆起司慕斯

帶著淡淡鹹味的黑豆，適合搭配富含寡糖的甘酒。
即使不使用黑豆，只在慕斯表面撒上一點鹽，也是一道美味的甜品。

鮮奶油（乳脂肪含量35％）… 100㎖

奶油乳酪 … 100g

甘蔗砂糖 … 30g

日本甘酒（免稀釋款）… 200㎖

檸檬汁 … 2小匙

A | 冷水 … 2大匙
   | 吉利丁粉 … 5g

鮮奶油 … 50㎖

B | 蛋白 … 1顆份
   | 甘蔗砂糖 … 30g

蒸黑豆（市售品）… 60〜80g

準備

- 先把材料 A 的冷水倒入耐熱容器，再把吉利丁粉倒入水中，輕輕攪拌均勻，使粉末吸水膨脹。
- 玻璃杯中各放入4〜5顆的黑豆（**a**）。

蒸黑豆

使用方便的市售品。如果要自己做的話，黑豆要先用鹽水煮軟（將50g的黑豆泡水一晚，然後加1小匙鹽，水煮至黑豆變軟），瀝乾湯汁再使用。

作法

1 將100㎖的鮮奶油倒入攪拌盆中，隔著冰水打發至八分發（撈起尚可滴落的滑順固態狀），放進冰箱冷藏。

2 用保鮮膜包住奶油乳酪，放進微波爐（200W）加熱3〜4分鐘至軟化，然後放入攪拌盆，用打蛋器攪拌成滑順的乳霜狀，再加入30g的甘蔗砂糖攪拌。

3 甘酒分成3〜4次加入（**b**），每次都要完全攪拌至均勻。加入檸檬汁攪拌。

4 將50㎖的鮮奶油倒入已泡水膨脹的材料 A。蓋上保鮮膜再用微波爐（200W）加熱1分〜1分30秒至融化，然後攪拌一下。

5 倒入步驟 **3** 攪拌，並用篩網過篩。攪拌盆的底部墊著冰水，攪拌至稍微濃稠後，即可拿開冰水。

6 用材料 **B** 製作蛋白霜。把蛋白放進小攪拌盆，用電動攪拌器打發至乳白狀後，將30g的甘蔗砂糖分成2次加入，將蛋白霜打發至呈現直挺的尖狀。

7 先將步驟 **5** 平均分成2次加入步驟 **1** 攪拌，再將步驟 **6** 的蛋白霜平均分成3次加入，每一次攪拌的力道都要輕柔。最後改用矽膠刮刀從盆底翻起來攪拌至均勻。

8 將一半份量的慕斯平均倒入玻璃杯，放入2〜3顆黑豆後，再將剩餘的慕斯平均倒入每一杯。放進冰箱冷藏3小時以上至凝固。要品嘗時再放上黑豆裝飾。

※冷藏約可保存2〜3天。

a   b

白葡萄酒柑橘起司慕斯

白葡萄酒當中的多酚意外地多，就用白葡萄酒做成這款大人專屬的甜點。
改成麝香葡萄等柑橘類以外的水果，美味依舊不減。

材料 （容量200㎖的玻璃杯6～7杯份）

鮮奶油（乳脂肪含量35％）⋯ 100㎖

奶油乳酪 ⋯ 200g

甘蔗砂糖 ⋯ 90g

白葡萄酒（甜味）※1 ⋯ 120㎖

檸檬汁 ⋯ 2小匙

A ┃ 冷水 ⋯ 2大匙
　┃ 吉利丁粉 ⋯ 5g

鮮奶油 ⋯ 50㎖

橘子（裝飾用）※2 ⋯ 2顆

※1 改用氣泡酒也很美味。

※2 建議使用日本產的不知火柑橘或setoka柑橘。也可以使用葡萄柚或蜜夏柑橘。

準備

● 先把材料A的冷水倒入耐熱容器，再把吉利丁粉倒入水中，輕輕攪拌均勻，使粉末吸水膨脹。

作法

1 將100㎖的鮮奶油倒入攪拌盆，隔著冰水打發至八分發（撈起尚可滴落的滑順固態狀），放進冰箱冷藏。

2 用保鮮膜包住奶油乳酪，放進微波爐（200W）加熱3～4分鐘至軟化，然後放入攪拌盆，用打蛋器攪拌成滑順的乳霜狀，再加入甘蔗砂糖攪拌。

3 白葡萄酒分成2次加入（a），每次都要完全攪拌至均勻。加入檸檬汁攪拌。

4 將50㎖的鮮奶油倒入已泡水膨脹的材料A。蓋上保鮮膜再用微波爐（200W）加熱1分～1分30秒至融化。倒入步驟3攪拌，並用篩網過濾。攪拌盆的底部墊著冰水，攪拌至稍微濃稠。

5 將步驟1分成2次加入步驟4，稍微攪拌一下。最後改用矽膠刮刀從盆底翻起來攪拌至均勻。

6 平均倒入玻璃杯，放進冰箱冷藏3小時以上至凝固。

7 柑橘切掉頭尾部分，並用刀子削掉外皮（b），再沿著白色的內皮，取出每一瓣果肉（c）。要品嘗時再擺成花朵形狀裝飾（d）。

※冷藏約可保存2～3天。

a

b

c

d

與起司蛋糕一起度過的大人休閒時光

甜點不可或缺的糖分不僅美味好吃，還能放鬆緊張的大腦，讓疲累的身體恢復力氣。偶爾來點起司蛋糕，享受無與倫比的悠閒時光吧！接著讓我來介紹一種私房的享樂方式。

與酒精飲料的結合

説到大人專屬的享樂方式，那一定就是配上酒精飲料。在不用工作的假日、結束工作、做完家事以後，來杯氣泡酒或粉紅香檳配上起司蛋糕，享受片刻的悠閒，那真是最幸福無比的時光。

帶著刺激氣泡感的氣泡酒很適合搭配紐約起司蛋糕、起司凍派、巴斯克起司蛋糕等口感濃郁綿密的起司蛋糕。其中，源自西班牙巴斯克自治區聖賽巴斯提安的巴斯克蛋糕，是酒館裡最常與葡萄酒搭配的一款下酒菜，而且跟白葡萄酒也是絕配。除此之外，蘋果酒或發泡類的日本酒也意外地適合配上巴斯克起司蛋糕。

喜歡品酒與品嚐蛋糕的您，一定要試試看各種組合，找出您最喜歡的搭配。

與音樂的結合

攝影：石橋香

音樂是我日常生活中不可缺少的一部分。製作甜點、開車出門，甚至拍攝照片、睡前時光，絕對不能少了音樂的作伴。最近我對音樂的喜愛愈來愈狂熱，甚至又重新學習曾在年輕時接觸過的吉他。

我原本就很喜歡70、80年代的搖滾樂、AOR（Adult Oriented Rock，成人抒情搖滾），最近則覺得柔和的爵士音樂與鋼琴樂曲有種能讓心靈沉靜下來的感覺。懷念紐約的時候，我就會聽史提利‧丹的音樂；想要打起精神的時候，我就會聽約翰‧梅爾或亞莉安娜‧格蘭德的歌；想聽AOR的時候，我會播放麥可法蘭克斯的音樂；在日本的音樂當中，我喜歡藤井風；而我習慣播放的鋼琴曲則有奇斯‧傑瑞特的音樂等等。

我會把室內的燈稍微關暗一點（可以的話用蠟燭最好！），再用漂亮的餐具裝著起司蛋糕，在旁邊擺上一杯香檳，然後撥放自己喜歡的音樂，這樣在家裡也能感受酷似酒吧或咖啡館的氛圍。偶爾也用這樣的方式，細細享受起司蛋糕吧！

PART 3

BAKED CONFECTIONERY

起司烘焙甜點

除了經典的戚風蛋糕、蛋糕捲、餅乾，還有台式古早味蛋糕等等，一共介紹13款超人氣的烘焙甜品。這13款甜點所使用的起司種類豐富多樣，包含硬質起司、藍紋起司、康門貝爾起司等等，可以享受到各種不同的風味。味道鹹香的鹹蛋糕、散發黑胡椒香氣的磅蛋糕等等，也都是超適合下酒的大人專屬美味。

黑胡椒帕瑪乾酪磅蛋糕

大量添加香氣濃郁的帕瑪乾酪。
若喜歡黑胡椒香辣刺激的味道，一定要多加一點。

材料 （9×22×高度7cm的長形烤模1條份）

無鹽奶油 … 100g

甘蔗砂糖 … 60g

鹽 … ⅔小匙

香草油 … 3〜4滴

雞蛋 … 2顆

A | 低筋麵粉 … 140g
　| 泡打粉 … ½大匙

鮮奶 … 40㎖

帕瑪乾酪※1 … 80g

粗粒黑胡椒※2 … 1〜2小匙

※1使用高達起司、切達起司等等也很美味。

※2可依個人喜好將黑胡椒改成七味辣椒粉。

準備

● 奶油切成薄片，放在室溫下退冰至軟化。

● 烤模鋪上烘焙紙（參考p.48）。

● 材料A一起過篩。

● 帕瑪乾酪刨成碎屑，分成70g與10g。

● 烤箱以160度預熱。

作法

1 奶油放進攪拌盆，用打蛋器攪拌至滑順的乳霜狀。

2 加入甘蔗砂糖，用打蛋器貼著盆底攪拌均勻，再加入鹽、香草油攪拌（a）。

3 加入1顆雞蛋，並將⅓份量的材料A二次過篩至攪拌盆，攪拌均勻（b）。然後再重複一次此步驟。

※一次加入全部的雞蛋，會導致油水分離，讓蛋糕的口感變差，因此要跟麵粉一樣分次加入攪拌。

4 換成矽膠刮刀，加入鮮奶、其餘的材料A繼續攪拌。

5 加入70g的帕瑪乾酪、黑胡椒（c），從盆底翻起來攪拌至看不到粉粒。

6 將蛋糕糊倒入烤模並把表面抹平，再撒上100g的帕瑪乾酪粉（d）。放入烤箱，以160度烤40〜45分鐘，出爐後不用脫模，直接冷卻。

※可以用竹籤戳戳看蛋糕中間，沒有沾上麵糊就可出爐了。

※冷藏約可保存2〜3天。夏天請冷藏保存。

a

b

c

d

台式古早味帕瑪乾酪蛋糕

把超人氣的台式古早味蛋糕改變成起司口味。
將溫熱的油脂與麵粉、蛋白霜一起攪拌的獨特作法，讓剛出爐的蛋糕蓬鬆又軟綿，
隔夜也依然保持濕潤的口感。

材料 （邊長15㎝的活動底方形烤模1個份）

沙拉油 … 40g
低筋麵粉 … 50g
鹽 … ¼小匙
帕瑪乾酪※ … 40g
鮮奶 … 50㎖
蛋黃（L）… 3顆份

A ｜ 蛋白（L）… 3顆份
　｜ 甘蔗砂糖 … 60g

※也可以改用帕馬森起司（粉狀）。

準備

● 烤模底部鋪上烘焙紙。內側的上半部塗上沙拉油（額外份量），再把2張30×5㎝的烘焙紙貼在塗了沙拉油的部分上，圍出一圈加高層，以避免蛋糕糊溢出。烤模的底部與側邊皆用2層鋁箔紙包起。

● 帕瑪乾酪刨成碎屑。

● 準備熱水（隔水烘焙用）。

● 烤箱以150度預熱。

作法

1　將沙拉油倒入可微波玻璃盆，以微波爐（600W）加熱30～40秒，讓油溫提升至80度左右。
　※注意不要加熱過頭。

2　低筋麵粉過篩至沙拉油（a），用打蛋器攪拌均勻。

3　加入鹽、帕馬森起司粉攪拌。

4　將鮮奶倒入可微波容器，以微波爐（600W）加熱30～40秒，讓溫度提升至40度左右，再倒入麵糊裡攪拌。一次加入1顆雞蛋，攪拌均勻後才能再加下一顆。

5　用材料A製作蛋白霜。把蛋白與甘蔗砂糖放進另一個攪拌盆，用電動攪拌器將蛋白打發至提起攪拌棒時形成彎鉤狀即可。
　※蛋白若打發至呈現直挺的尖角，容易使蛋糕的表面破裂，因此呈現彎鉤狀是最剛好的狀態。

6　將蛋白霜平均分成3次加入步驟4（b），每一次攪拌的力道都要輕柔，小心別讓蛋白霜消泡。最後改用矽膠刮刀翻拌至看不到黃色的麵糊痕跡。

7　將蛋糕糊倒入方形鐵盤中的烤模（c），並將表面抹平。放進烤箱，並在鐵盤中注入高度約1㎝的熱水，以150度烘烤60分鐘左右。
　※可以用竹籤戳戳看蛋糕中間，沒有沾上麵糊就可出爐了。

8　出爐後用抹刀分開側面的蛋糕與烘焙紙（d），但不用脫模，直接冷卻即可。
　※冷藏約可保存2～3天。

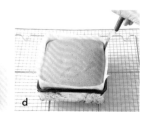

a　　　　　b　　　　　c　　　　　d

法式起司泡芙

把泡芙麵糊加入起司，烤出鹹鹹香香的輕食。
直接用手拿著吃也沒問題，適合當成下酒菜、小點心。

材料（30～40顆份）

A
- 鮮奶 … 60㎖
- 冷水 … 60㎖
- 無鹽奶油 … 60g

低筋麵粉 … 80g
雞蛋（L）… 3顆
高達起司※ … 30g
乾燥巴西里（依個人喜好）… 少許

※使用艾曼塔起司、格魯耶爾起司等等也很美味。

準備

- 低筋麵粉過篩。　●高達起司刨成碎屑。
- 雞蛋退冰至常溫，攪散成蛋液。
- 烤盤塗上沙拉油（額外份量），鋪上烘焙紙。
- 將擠花袋裝上直徑1㎝的圓形擠花嘴，並把袋子前端扭轉，塞進擠花嘴（**a**）。打開袋口，將袋子套在量杯等容器。
- 烤箱以200度預熱。

作法

1　將材料 **A** 放進小鍋子並以中火加熱，一邊用木鏟攪拌至沸騰，讓奶油完全融化。

2　關火後倒入全部的低筋麵粉，攪拌約1分鐘，直到變成一團均勻的麵團（**b**）。

3　將麵團移到攪拌盆中，並倒入一半的蛋液，使用電動攪拌器的低速攪拌。麵團凹凸不平時，再慢慢加入其餘的蛋液，攪拌至提起攪拌棒時可以看到麵糊緩緩落下，且攪拌棒前端呈現倒三角形，就不要再加蛋液了（**c**）。

4　加入高達起司，改用矽膠刮刀攪拌。

5　將麵糊裝進擠花袋，排出袋內空氣，並在鋪好烘焙紙的烤盤擠出數個直徑3㎝的圓形（**d**）。

6　用湯匙背面將剩下的蛋液（沒有的話就用冷水）抹在麵糊表面。

7　撒上乾燥巴西里，放進烤箱以200度烤10分鐘，等泡芙都確實膨脹後，改為160度續烤30分鐘。烤完後放在烤箱約1個小時，讓水分收乾。
※放進密封容器保存，常溫約可保存3～4天。

a

b

c

d

雲朵蛋糕

這是一款無麩質的輕食，就像軟綿綿的雲朵一樣。
直接吃就很美味，加上酸甜的草莓醬則別有一番風味。

材料 （直徑9㎝的蛋糕約6片份）

奶油乳酪 … 40g
泡打粉 … ½小匙
蛋黃 … 2顆份
A ┃ 蛋白 … 2顆份
　┃ 甘蔗砂糖 … 2小匙
莓果醬（草莓／p.21）… 2～3大匙

準備

● 烤盤鋪上烘焙紙。
● 烤箱以180度預熱。

作法

1 用保鮮膜包住奶油乳酪，放進微波爐（200W）加熱40秒～1分鐘至軟化。然後放入攪拌盆，用打蛋器攪拌成滑順的乳霜狀，再加入泡打粉與蛋黃攪拌。

2 用材料**A**製作蛋白霜。把蛋白放進小攪拌盆，用電動攪拌器打發至乳白狀後，加入甘蔗砂糖，將蛋白霜打發至呈現直挺的尖狀。

3 將蛋白霜平均分成3次加入步驟**1**，每一次攪拌的力道都要輕柔（**a**）。最後改用矽膠刮刀翻拌均勻。

4 舀起1大匙的麵糊倒在烤盤上，共製作6份，麵糊之間保持一定的間隔。舀起剩餘的麵糊倒在第一層的麵糊上（**b**）。
※分成2層能讓麵糊不塌陷，烤出漂亮的形狀。

5 放進烤箱以180度烘烤15分鐘左右，出爐後冷卻，再配上莓果醬。
※放進密封容器保存，冷藏約可保存2天。

a

b

高達起司戚風蛋糕

用半硬質的高達起司做成鬆鬆軟軟的戚風蛋糕。
在食慾不佳時來一份蛋糕，再搭配咖啡歐蕾或蔬果汁，就是簡單的輕食。

材料 （直徑 17㎝ 的戚風蛋糕烤模 1 個份）

蛋黃 … 4 顆份
甘蔗砂糖 … 30 g
沙拉油 … 2 大匙
鹽 … ½ 小匙
冷水 … 60 ㎖
香草油 … 3～4 滴
低筋麵粉 … 80 g
A｜ 蛋白 … 4 顆份
　｜ 甘蔗砂糖 … 70 g
高達起司※ … 80 g

※使用瑪利波起司、切達起司等等也很美味。

準備

● 高達起司刨成碎屑。
● 烤箱以 160 度預熱。

作法

1　將蛋黃與 30 g 的甘蔗砂糖倒入小攪拌盆，用電動攪拌器打發。

2　移到大的攪拌盆，依序加入沙拉油、鹽、冷水與香草油（**a**），每種材料都要拌勻後才能再加下一種。低筋麵粉過篩至攪拌盆中攪拌。

3　用材料 **A** 製作蛋白霜。把蛋白放進另一個攪拌盆，用電動攪拌器打發至乳白狀後，將甘蔗砂糖分成 2 次加入，打發至蛋白霜呈現直挺的尖狀。
　　※攪拌棒要洗乾淨並乾燥，不要殘留任何油脂或水分。蛋白碰到油脂或水分，就不容易打發。

4　將步驟 **3** 平均分成 3 次加入步驟 **2**，每一次攪拌的力道都要輕柔，小心別讓蛋白霜消泡。

5　最後改用矽膠刮刀，把蛋糕糊從盆底翻起來攪拌至均勻，直到看不到黃色的麵糊痕跡（**b**）。

6　加入高達起司，稍微攪拌一下就倒入烤模。
　　※起司的油脂會讓蛋白霜消泡，因此動作要迅速。

7　放進烤箱，以 160 度烤 8～10 分鐘，表面形成一層薄膜後，用抹刀在蛋糕表面劃出淺淺的十字切痕（**c**）。再放回烤箱，繼續烤 30～32 分鐘（總共約 40 分鐘）。

8　烤好之後馬上出爐，把蛋糕倒過來放置約 2 個小時至完全冷卻。

9　將蛋糕脫模。把抹刀插入蛋糕與烤模之間，稍微把刀柄往下壓，讓刀身有點弧度，然後貼著烤模內壁，用上下拉鋸的方式繞 1～2 圈，讓蛋糕與烤模分離（**d**）。

10　中間部分使用竹籤脫模，要領與步驟 **9** 相同。

11　使用砧板等工具蓋住烤模，把蛋糕翻轉過來，再抽起外側的烤模，然後把蛋糕翻回正面。

12　把抹刀插入蛋糕與底盤之間，抹刀碰到中間的圓筒後，就沿著圓筒劃一圈，讓蛋糕與底盤分離。

13　把蛋糕翻面，取下底盤與圓筒。
　　※冷藏約可保存 2～3 天。

a　　　　　b　　　　　c　　　　　d

奶油乳酪蛋糕捲

使用戚風蛋糕的基底，做成口感輕盈且入口即化的蛋糕捲。
將富含消化酵素的鳳梨碎末與奶油乳酪一起捲進蛋糕。

材料 （28cm的方型烤盤1盤份）

【 蛋糕部分 】

蛋黃（L）… 4顆份

甘蔗砂糖 … 30g

A
| 沙拉油 … 2大匙
| 冷水 … 60㎖
| 香草油 … 3～4滴

低筋麵粉 … 80g

B
| 蛋白（L）… 4顆份
| 甘蔗砂糖 … 60g

【 起司鮮奶油 】

| 鮮奶油 … 150㎖
| 奶油乳酪 … 150g
| 甘蔗砂糖 … 45g
| 檸檬汁 … 2小匙
| 香草油 … 2～3滴

鳳梨※ … 120g

※可以改為自己喜歡的水果。使用奇異果、芒
　果、草莓等水果也很美味。

準備

● 烤盤的底部與側邊塗上沙拉油（額外份
　量），裁出邊長33cm的方形烘焙紙，
　把4個角落各剪出一個斜切口，以利
　烘焙紙緊貼合烤盤。

● 烤箱以160度預熱。

● 鳳梨切成粗末。

作法 ● 蛋糕部分的詳細作法請參考p.81.的步驟 **1**～**5**。

1 製作蛋糕部分。將蛋黃與甘蔗砂糖放入攪拌盆打發，再依序加入材料 **A** 攪拌。低筋麵粉過篩至攪拌盆一起攪拌。

2 用材料 **B** 製作蛋白霜。把蛋白放進另一個攪拌盆，用電動攪拌器打發至乳白狀後，將60g的甘蔗砂糖分成2次加入，打發至蛋白霜呈現直挺的尖狀。

3 蛋白霜平均分成3次加入步驟 **1**，每次只需稍微攪拌即可。最後改用矽膠刮刀從盆底翻起來攪拌至均勻，再將蛋糕糊倒入烤盤。用刮板將表面抹平（**a**），放進烤箱以160度烤20分鐘。出爐後讓蛋糕完全冷卻。

4 製作起司鮮奶油。將150㎖的鮮奶油倒入攪拌盆，隔著冰水打發至九分發（用攪拌棒撈起不會滴落的程度），放進冰箱冷藏。

5 用保鮮膜包住奶油乳酪，放進微波爐（200W）加熱3～4分鐘至軟化。放入另一個攪拌盆，用打蛋器攪拌成滑順的乳霜狀，再加入45g的甘蔗砂糖攪拌。

6 依序加入檸檬汁與香草油攪拌至均勻。將步驟 **4** 分成2次加入（**b**），最後改用矽膠刮刀攪拌至均勻。

7 將長度50cm的烘焙紙橫放在桌面上，將步驟 **3** 的蛋糕翻面放在烘焙紙的正中間。撕掉表面的烘焙紙，塗上步驟 **6** 的鮮奶油，再撒上切碎的鳳梨。

※捲的時候會把鳳梨往外擠，所以蛋糕最前面約5cm寬的部分都不用放鳳梨。

8 把靠近身體一側的蛋糕往前折一小部分，做成蛋糕捲的中心，然後把烘焙紙當成壽司捲簾，像捲壽司一樣把蛋糕往前捲起。把開口處朝下並用筷子壓住，再把底下那層烘焙紙往前拉，把蛋糕捲收緊（**d**）。

9 把兩端的烘焙紙扭緊，再用保鮮膜包起來，放進冰箱冷藏3小時以上。

※冷藏約可保存2～3天。

a

b

c

d

茅屋起司比司吉

添加低脂高鈣的茅屋起司，烤出酥脆輕盈的比司吉。
本身帶著淡淡的甜味，直接吃或配上果醬都好吃。

康門貝爾起司瑪芬蛋糕

鹹鹹的起司融在原味蛋糕裡最對味。這款蛋糕適
合帶著走，當成小禮物或外食點心都適合。

材料 （長度12㎝的比司吉8塊份）

無鹽奶油 … 80g

A
| 低筋麵粉 … 200g
| 泡打粉 … 1大匙
| 甘蔗砂糖 … 2大匙
| 鹽 … ⅓小匙

B
| 雞蛋（L）… 1顆
| 茅屋起司（過篩款）… 200g

鮮奶（表面用）… 2大匙

準備

● 奶油切成1㎝大的塊狀，放進冰箱冷藏。
● 烤盤鋪上烘焙紙。
● 材料A一起過篩。
● 材料B的雞蛋攪散，與茅屋起司混合。
● 烤箱以200度預熱。

作法

1　將材料A二次過篩至攪拌盆，然後放上冷藏的奶油塊，使用刮板等工具把奶油切得更小塊之後，再用手指把奶油跟其他材料搓至均勻（a）。
　　※動作要迅速，以免奶油融化。

2　加入材料B並迅速攪拌，形成麵團之後用刮板切成2等分（b），再將2份麵團重疊並壓扁。重複此步驟4～5次，做出層次。

3　桌面撒上一些手粉（額外份量的低筋麵粉），將麵團放在桌上。麵團也撒上一點手粉，用桿麵棍桿成長寬為20×12㎝、厚度2.5㎝左右的長方形，然後切成4等分，再切成三角形（c）。

4　麵團保持間隔擺在烤盤上，用刷子將表面塗上鮮奶。放進烤箱以200度烤20分鐘後，將溫度調降至150度再烤20分鐘（總共約40分鐘）。出爐後放至冷卻。
　　※冷藏約可保存3～4天。

a　　b　　c

材料 （直徑7㎝的瑪芬蛋糕烤模6個份）

無鹽奶油 … 70g

甘蔗砂糖 … 60g

鹽 … ⅓小匙

香草油 … 3～4滴

雞蛋（L）… 1顆

A
| 低筋麵粉 … 100g
| 泡打粉 … 1小匙

鮮奶 … 60㎖

康門貝爾起司 … 1塊（90～100g）

準備

● 奶油切成薄片，放在室溫底下退冰至軟化。
● 烤模鋪上烘焙紙杯。
● 材料A一起過篩。
● 康門貝爾起司以放射狀切成12等份。
● 烤箱以160度預熱。

作法

1　把奶油放進攪拌盆，用打蛋器攪拌成滑順柔軟的乳霜狀。

2　先加入甘蔗砂糖，用打蛋器貼著盆底攪拌至均勻，再加入鹽、香草油攪拌。

3　加入雞蛋，將⅓的材料A二次過篩至攪拌盆一起攪拌。

4　加入一半的鮮奶、以及將其餘的材料A過篩一半至攪拌盆，攪拌均勻後再重複一次此步驟。最後改用矽膠刮刀從盆底翻起來攪拌至看不到乾粉。

5　平均倒入烤模的每一格，然後各塞入2塊康門貝爾起司（a）。

6　以160度烤30～35分鐘，出爐後放至冷卻。
　　※可以用竹籤戳戳看蛋糕中間，沒有沾上麵糊就可出爐了。

　　※冷藏大約可保存3～4天。夏天請冷藏保存。

a

蔬菜起司鹹蛋糕

鹹鹹的味道更加凸顯香草的香氣，當成下酒菜或輕食都合適。
想像著蛋糕斷面的模樣，把蔬菜和起司擺出好看的排列組合。

材料 （9×22×高度7cm的長形烤模1條份）

無鹽奶油 … 100g

甘蔗砂糖 … 30g

鹽 … 2/3小匙

雞蛋 … 2顆

A | 低筋麵粉 … 140g
  | 泡打粉 … 1/2大匙

鮮奶 … 2大匙

粗粒黑胡椒粉 … 1/2小匙

新鮮香草碎末[1]（羅勒、百里香等等）
… 1～2小匙

綠花椰菜[2] … 60g

小番茄 … 6顆

格魯耶爾起司[3] … 80g

※1此處使用新鮮香草，若要改用乾燥香草，請將份量減為1/2小匙。依個人喜好，可使用單種香草，也可使用普羅旺斯香草等綜合香草。

※2亦可將綠花椰菜改為白花椰菜、蘆筍。

※3使用高達起司或切達起司等等也很美味。

準備

● 小番茄切成一半，排在鋪好烘焙紙的烤盤（**a**），放進烤箱，以130度烤2小時，烤成半乾燥的狀態。也可以直接使用市售品。

● 綠花椰菜切成小朵，汆燙至熟即可，並將水分瀝乾。

● 奶油切成薄片，放在室溫底下退冰至軟化。

● 烤模鋪上烘焙紙（參考p.48）。

● 材料 **A** 一起過篩。

● 格魯耶爾起司切成1cm大的塊狀。

● 烤箱以160度預熱。

作法

1 把奶油放進攪拌盆，用打蛋器攪拌成滑順的乳霜狀。

2 加入甘蔗砂糖攪拌至均勻，再加入鹽攪拌。

3 加入1顆雞蛋，並將1/3份量的材料 **A** 二次過篩至攪拌盆，一起攪拌（**b**）。然後再重複一次此步驟。

※一次加入全部的雞蛋，會導致油水分離，讓蛋糕的口感變差，因此要跟麵粉一樣分次加入攪拌。

4 改成使用矽膠刮刀，加入鮮奶、其餘的材料 **A** 一起攪拌。

5 加入黑胡椒、香草，從盆底翻起來攪拌至沒有乾粉。

6 把一半的蛋糕糊倒入烤模，然後鋪上一半的綠花椰菜、小番茄與格魯耶爾起司（**c**）。覆蓋上其餘的蛋糕糊，再鋪上其餘蔬菜與格魯耶爾起司，以160度烤50分鐘左右，出爐後不用脫模，直接冷卻。

※可以用竹籤戳看蛋糕中間，沒有沾上麵糊就可出爐了。

※冷藏約可保存2～3天。這款蛋糕的水分比較多，請盡早食用完畢。

a

b

c

切達起司燕麥餅乾

以膳食纖維豐富的燕麥片搭配起司，做出營養百分百的點心。
口感意外地輕盈，適合配上鮮奶，當作早餐或點心。

帕馬森起司餅乾

用方便的起司粉做成酥脆的餅乾。絕妙的鹹味與奶油的
香味，烤出讓人愛不釋手的餅乾香氣。

材料 （約15片份）

無鹽奶油 … 130g

A
┌ 甘蔗砂糖 … 40g
│ 鹽 … ⅔小匙
│ 香草油 … 3～4滴
│ 蛋黃（L）… 1顆份
└ 鮮奶 … 1大匙

B
┌ 低筋麵粉 … 60g
└ 泡打粉 … ½小匙

切達起司（紅切達起司）※ … 90g

燕麥片 … 150g

※使用高達起司、瑪利波起司等等也很美味。

準備

● 奶油切成薄片，放在室溫底下退冰至軟化。
● 烤盤鋪上烘焙紙。
● 材料 B 一起過篩。
● 烤箱以150度預熱。
● 切達起司刨成碎屑，分成60g與30g。

作法

1 奶油放進攪拌盆，用打蛋器攪拌成滑順的乳霜狀，再依序加入材料 A，每種材料都拌勻才能加下一種。材料 B 二次過篩至攪拌盆，最後改用矽膠刮刀攪拌。

2 加入60g的切達起司、燕麥片一起攪拌（a）。

3 磅秤鋪上保鮮膜，將步驟 **2** 的麵團均分成各30g的小麵團，搓圓後壓扁。將其中一面沾上另外30g的切達起司粉並擺在烤盤上，有起司粉的那面朝上（b）。

※此狀態的麵團可冷凍保存約1個月。冷凍後的麵團不用退冰，依照下面的方式烘烤即可。

4 以150度烤30分鐘左右，直接留在烤箱裡至完全冷卻。

※放進密封容器保存，室溫下約可保存2～3天。

材料 （約22片份）

無鹽奶油 … 60g

A
┌ 甘蔗砂糖 … 30g
│ 鹽 … ⅓小匙
│ 香草油 … 3～4滴
│ 蛋黃 … 1顆份
└ 冷水 … 1小匙

B
┌ 低筋麵粉 … 100g
└ 泡打粉 … ¼小匙

帕馬森起司（粉末）※ … 60g

※若使用帕瑪乾酪，請先將乾酪刨成碎屑。

準備

● 同「切達起司燕麥餅乾」的前4項準備。
● 帕馬森起司分成40g與20g。
● 混合材料 A 的蛋黃與冷水。

作法

1 作法同「切達起司燕麥餅乾」的步驟 **1**。

2 加入40g的帕馬森起司粉一起攪拌，桌面撒上少量的手粉（份量外的低筋麵粉）後，將麵團移到桌上。把麵團搓成直徑4cm、長度20cm的圓柱狀，用保鮮膜包住，放進冰箱冷藏約1小時。

3 將20g的帕馬森起司粉倒在方形鐵盤，再把步驟 **2** 放在上面滾一滾，讓麵團沾滿起司粉（a）。再次用保鮮膜包住，放進冰箱冷藏3小時以上。

※此狀態的麵團可冷凍保存約1個月。冷凍後的麵團不用退冰，直接切片並依照下面的方式烘烤即可。

4 將麵團切成厚度7mm的圓片，排在烤盤上（b）再放進烤箱，以150度烤約30分鐘，出爐後放至冷卻。

※放進密封容器保存，室溫下約可保存1週。

藍紋起司瑪德蓮蛋糕

大口咬下剛出爐的蛋糕，嘴裡滿滿的都是融化的起司，別有一番風味。
就連不敢吃藍紋起司的人也會被它攻陷。

雞蛋 … 1顆

甘蔗砂糖 … 30g

香草油 … 3～4滴

A ┃ 低筋麵粉 … 40g
　┃ 泡打粉 … ½小匙

無鹽奶油 … 30g

藍紋起司※ … 50～60g

※使用味道溫和的布雷斯藍紋起司。也可以改
　用味道強烈的洛克福起司、古岡左拉起司。
　不使用藍紋起司，改用康門貝爾起司、奶油
　乳酪也很美味。

準備

● 模具塗上奶油（額外份量），用濾茶網撒上
　低筋麵粉（額外份量）（**a**），並抖掉多餘麵
　粉。

● 材料**A**一起過篩。

● 藍紋起司切成長度3cm、寬1.5cm左右
　的長條狀，將表面都抹上一層厚厚的低
　筋麵粉（額外份量）（**b**）。

● 將奶油放入可微波容器，蓋上保鮮膜放
　進微波爐（200W）加熱約1分鐘至融化。

● 烤箱以160度預熱。

作法

1 把雞蛋打在攪拌盆，用打蛋器攪散後，再加入甘蔗砂
　　糖、香草油，並將打蛋器貼著盆底攪拌至均勻。

2 將材料**A**二次過篩至攪拌盆一起攪拌。

3 加入融化奶油一起攪拌（**c**），最後改用矽膠刮刀攪拌至
　　均勻。

4 用湯匙舀起麵糊倒入烤模，先裝半滿即可，然後把藍
　　紋起司放在麵糊中間，再覆蓋上剩餘的麵糊，8～9分
　　滿即可（**d**）。

5 放進烤箱，以160度烘烤20～25分鐘至呈現明顯的烤
　　色。

6 烤好以後馬上取出，使用抹刀等工具脫模。

　　※冷藏約可保存3～4天。

　　※冷掉的話，每顆蛋糕用微波爐（200W）加熱30～40秒，就
　　　能恢復到剛出爐的樣子。

a

b

c

d

地瓜奶油乳酪蒸蛋糕

用麵糊覆蓋軟綿的地瓜，再放進微波爐就大功告成了。
因為加了奶油乳酪，就算蛋糕冷掉也不會覺得乾硬，很適合帶便當。

材料（直徑6cm的紙杯4杯份）

雞蛋（L）… 1顆

A
甘蔗砂糖 … 30g
鹽 … ¼小匙
香草油 … 3〜4滴
沙拉油 … 1大匙
豆奶（或鮮奶）… 2大匙

B
低筋麵粉 … 50g
泡打粉 … 1小匙

奶油乳酪 … 80g

地瓜（帶皮）… 80g

冷水 … 2大匙

準備

● 材料B一起過篩。

● 地瓜洗淨後切成1cm大的塊狀，再用清水沖洗一次。放進可微波容器裡，將多餘的水倒掉（**a**），蓋上保鮮膜後放進微波爐（600W），加熱約5分鐘至軟化。

● 奶油乳酪切成1cm大的塊狀。

作法

1 把雞蛋打在攪拌盆，用打蛋器攪散，再依序加入材料 A 攪拌至均勻，每種材料都要拌勻後才能加下一種。

2 把材料 B 二次過篩至攪拌盆中一起攪拌，最後改用矽膠刮刀攪拌至均勻。

3 將麵糊等量倒入每一個紙杯，再放入奶油乳酪與地瓜（**b**）。

4 把蛋糕杯放在微波爐裡的四個角落，以600W的火力加熱2分30秒〜3分鐘。

※加熱過程發現顏色不均時，可將杯子的位置對調；表面看起來還黏黏的話，再視情況追加時間，一次追加10〜20秒。

※放進密封容器保存，冷藏約可保存3〜4天，冷凍約可保存2週。冷凍過的蛋糕請放在室溫下退冰，退冰後蓋上保鮮膜，以微波爐（200W）加熱30秒〜1分鐘即可。

a

b

想要分贈自製的起司蛋糕或烘焙甜點時，稍微用點小巧思，看起來會更漂亮也更有自我風格。
在各式各樣的包裝材料中挑選適合的甜點包裝，也是一種樂趣。

※如需手提攜帶起司蛋糕、冷藏甜點至其他地點，請使用保冷袋。

包裝指導：Sazaki Kanako

起司蛋糕 × 紙袋

蛋糕捲要用紙盒包裝，而古典起司蛋糕、紐約起司蛋糕等不易變形
的蛋糕，則可以切片再用紙袋裝著。用紙袋包裝蛋糕時，先用烘焙
專用蛋糕圍片（或保鮮膜）包好蛋糕，再放進紙袋，然後將袋口往
下摺2、3次，用鐵絲緞帶固定。
另外，蛋糕用圍片包好之後，也可以用一大張包裝紙捲起來，再把
兩端扭緊，做成糖果包裝的形狀也很可愛。

餅乾 × 外帶餐盒

餅乾、瑪德蓮蛋糕等等的小甜點，可以裝進烘焙專用
透明袋，封緊袋口後再放進再生材質的外帶紙餐盒，
簡簡單單就完成包裝。當然也可以把餅乾或蛋糕分別
獨立包裝。把餐盒隨意綁上麻繩，然後貼上標籤或綁
上小卡片，也能讓質感更加分。

慕斯 × 附蓋玻璃瓶

如果是免烤起司蛋糕或慕斯等甜點，就要連同容器一起贈送。製作
時直接倒入容器（左圖為p.68的甘酒黑豆起司慕斯），蓋上蓋子並放
進冰箱冷藏至凝固。這樣做好的甜點當然可以直接送人，但如果想
要稍微裝飾一下，就可以先把大張餐巾紙的正面朝下蓋住瓶口，用
橡皮筋束緊瓶口與餐巾紙，再蓋上蓋子。接著將餐巾紙往上翻起，
收成一束，使用細繩纏繞2～3圈並打結綁緊，最後用剪刀剪多餘
的餐巾紙，就完成包裝了。如果要在外面品嚐，記得附上湯匙。

材料別索引　（　　　　　）內為主要的營養成分

※ 參考日本文部科學省「食品成分數據」https://fooddb.mext.go.jp
※ 參考日本厚生勞動省「e-healthnet」https://www.e-healthnet.mhlw.go.jp

石橋香

甜點研究家，高中時在某間餐廳品嘗到起司蛋糕，對於起司蛋糕的美味
驚嘆不已，迄今仍持續致力於起司蛋糕的研究。簡單又美味的食譜廣受
好評，在超過50本的著作當中，戚風蛋糕與起司蛋糕的食譜書格外受到
歡迎。具備針灸師證照，過著兼顧美容與健康的生活，並在正餐與甜食
之間取得最佳平衡。
想使用丈夫所經營的吉他工坊出品的吉他彈出好聽的音樂，因此最近相
當認真地練習吉他演奏。近來的著作有《感動のおいしさ　糖質オフ　チ
ーズケーキ&シフォンケーキ》（KADOKAWA）等。

官方網站　Cake on Web　http://kaori-sweets.com/
官方IG　　@kaori_ishibashi_cake

大人のチーズケーキとチーズのお菓子
© Kaori Ishibashi 2021
Originally published in Japan by Shufunotomo Co., Ltd
Translation rights arranged with Shufunotomo Co., Ltd.
Through CREEK & RIVER Co., Ltd..

STAFF

烹飪助理／鈴木あずさ　三好弥生
美術指導／大薮胤美（フレーズ）
裝幀・版型／鈴木明子（フレーズ）
攝影／松木 潤（主婦の友社）
styling／佐々木カナコ
DTP／ローヤル企画
企劃・編輯／吉居瑞子
責任編集／森信千夏（主婦の友社）

營養滿分零負擔！
大人的起司甜點41道

出　　　　版／楓葉社文化事業有限公司
地　　　　址／新北市板橋區信義路163巷3號10樓
郵 政 劃 撥／19907596　楓書坊文化出版社
網　　　　址／www.maplebook.com.tw
電　　　　話／02-2957-6096
傳　　　　真／02-2957-6435
作　　　　者／石橋香
翻　　　　譯／胡毓華
編　　　　輯／王綺
內 文 排 版／洪浩剛
港 澳 經 銷／泛華發行代理有限公司
定　　　　價／320元
初 版 日 期／2023年1月

國家圖書館出版品預行編目資料

營養滿分零負擔！大人的起司甜點41道 / 石橋
香作；胡毓華譯. -- 初版. -- 新北市：楓葉社文
化事業有限公司, 2023.01　面；　公分

ISBN 978-986-370-499-7（平裝）

1. 點心食譜

427.16　　　　　　　　　111018573